ChatGPT
改变世界

全面读懂ChatGPT

耿向华　谭晶晶◎著

U0155551

河北科学技术出版社

·石家庄·

图书在版编目（CIP）数据

ChatGPT改变世界：全面读懂ChatGPT / 耿向华，谭晶晶著. -- 石家庄：河北科学技术出版社，2023.8
ISBN 978-7-5717-1734-6

Ⅰ．①C… Ⅱ．①耿… ②谭… Ⅲ．①人工智能 Ⅳ.①TP18

中国国家版本馆CIP数据核字(2023)第163469号

ChatGPT改变世界：全面读懂ChatGPT
ChatGPT GAIBIAN SHIJIE : QUANMIAN DUDONG ChatGPT

耿向华　谭晶晶　著

责任编辑	郭　强
责任校对	原　芳
美术编辑	张　帆
封面设计	优盛文化
出版发行	河北科学技术出版社
地　　址	石家庄市友谊北大街 330 号（邮编：050061）
印　　刷	河北万卷印刷有限公司
开　　本	787mm×1092mm　1/16
印　　张	16.25
字　　数	211 千字
版　　次	2023 年 8 月第 1 版
印　　次	2023 年 8 月第 1 次印刷
书　　号	ISBN 978-7-5717-1734-6
定　　价	79.00 元

FOREWORD | 前言

　　人们生活在一个日新月异的科技时代，人工智能（artificial intelligence，AI）已经成为推动这个时代进步的重要力量。从智能家居到自动驾驶，从医疗诊断到金融服务，人工智能正在深刻改变着人们的生活方式。在这个背景下，自然语言处理（natural language processing，NLP）作为人工智能的一个重要分支，正在以前所未有的速度发展。政府与企业纷纷投入巨资，加大对人工智能和自然语言处理领域的研发与应用支持。在这样的大环境下，OpenAI（美国人工智能公司）推出了一款颠覆性的自然语言处理技术——ChatGPT（是一款功能强大的生成式智能聊天预训练转换器或机器人）。

　　ChatGPT 是基于 GPT-4 架构的一款先进的对话 AI，它具有强大的自然语言生成和理解能力，能够帮助用户解决各种复杂问题。得益于 OpenAI 在深度学习、自然语言处理等领域的技术积累，ChatGPT 在众多应用场景中展现出卓越的性能优势。尽管市场上已有大量关于人工智能和自然语言处理的书籍和资料，但关于 ChatGPT 的专业书籍寥寥无几。本书旨在填补这一空白，为广大读者提供一本全面、系统、深入的

ChatGPT 研究指南。

本书共分为 10 章，涵盖 ChatGPT 的基本原理、技术优势、应用场景以及未来发展趋势等方面的内容。本书首先介绍了 ChatGPT 的基本概念、特点和发展历程，然后深入探讨了 ChatGPT 在模拟人类思维方面的进展和差距。接下来，揭示了 ChatGPT 的核心技术原理和架构，并详细介绍了 ChatGPT 的训练方法和优化策略。此外，本书还为读者推荐了 10 款能让 ChatGPT 更加完善的插件，并重点探讨了 ChatGPT 在自然语言生成与理解方面的双重能力。在应用方面，介绍了 ChatGPT 在日常生活、教育、商业等领域的应用场景和案例，以展示其广泛的应用价值。在评估与评价方面，本书探讨了关于 ChatGPT 性能指标、准确性、可靠性、生成质量、多样性和实用性等方面的评估方法。最后，本书分析了 ChatGPT 面临的潜在挑战，如对抗性样本与鲁棒性、语言模型与常识推理、知识更新与持续学习等，并对未来的发展趋势和研究方向进行了展望。

本书力求在有限的篇幅内，为读者呈现一个全面、系统、深入的 ChatGPT 世界。本书的目标读者主要包括对人工智能、自然语言处理、深度学习等领域感兴趣的专业人员和研究者，同时适用于计算机科学、数学、自然语言处理等领域的学生，能够帮助他们更好地了解和掌握 ChatGPT 技术。

本书的撰写离不开众多专家学者的指导和帮助，在此由衷感谢他们对本书的支持。同时，希望本书能成为广大读者了解和学习 ChatGPT 的得力助手，激发读者对这一领域的兴趣和热情，为推动 ChatGPT 技术的发展和应用贡献一份力量。

人工智能和自然语言处理领域的研究和应用正在以惊人的速度发展，

ChatGPT 作为其中的佼佼者，必将在未来的人机交互、信息检索、教育培训等诸多领域发挥重要作用。相信本书将为广大读者展现一个充满挑战与机遇的 ChatGPT 世界，并为推动全球科技进步和谋求人类福祉作出贡献。

鉴于我们的水平，书中难免存在疏漏和不妥之处，敬请广大读者批评指正。

CONTENTS | 目录

第 1 章　引言⋯⋯⋯⋯⋯⋯⋯⋯⋯⋯⋯⋯⋯⋯⋯⋯⋯⋯⋯⋯⋯001

　1.1　ChatGPT 的概念 ⋯⋯⋯⋯⋯⋯⋯⋯⋯⋯⋯⋯⋯⋯⋯002

　1.2　ChatGPT 的主要特点与优势 ⋯⋯⋯⋯⋯⋯⋯⋯⋯⋯004

　1.3　ChatGPT 的演进 ⋯⋯⋯⋯⋯⋯⋯⋯⋯⋯⋯⋯⋯⋯⋯013

第 2 章　对话新时代的智能伙伴：ChatGPT 与人类思维 ⋯⋯⋯019

　2.1　人类思维与语言模型的基础 ⋯⋯⋯⋯⋯⋯⋯⋯⋯⋯020

　2.2　ChatGPT 在模拟人类思维方面的进展 ⋯⋯⋯⋯⋯022

　2.3　ChatGPT 与人类思维的差距 ⋯⋯⋯⋯⋯⋯⋯⋯⋯033

第 3 章　揭秘 ChatGPT 神秘面纱：ChatGPT 的核心技术原理
　　　　与架构 ⋯⋯⋯⋯⋯⋯⋯⋯⋯⋯⋯⋯⋯⋯⋯⋯⋯⋯⋯040

　3.1　从输入到输出：ChatGPT 处理信息的流程 ⋯⋯⋯041

　3.2　Transformer 架构：支撑 ChatGPT 的关键技术 ⋯⋯⋯043

　3.3　自注意力机制：理解信息间的关联 ⋯⋯⋯⋯⋯⋯048

　3.4　编码与解码：文本信息的表示与生成 ⋯⋯⋯⋯⋯055

　3.5　任务改写 ⋯⋯⋯⋯⋯⋯⋯⋯⋯⋯⋯⋯⋯⋯⋯⋯⋯061

第 4 章　优化 ChatGPT 的性能与应用适应性：训练与微调⋯⋯065

　4.1　训练与预训练策略 ⋯⋯⋯⋯⋯⋯⋯⋯⋯⋯⋯⋯⋯066

　4.2　模型生成与控制 ⋯⋯⋯⋯⋯⋯⋯⋯⋯⋯⋯⋯⋯⋯069

　4.3　微调策略 ⋯⋯⋯⋯⋯⋯⋯⋯⋯⋯⋯⋯⋯⋯⋯⋯⋯082

第 5 章　扩展 ChatGPT 功能的利器：10 款能让 ChatGPT 更完善的插件 ⋯⋯⋯⋯⋯⋯⋯⋯⋯⋯⋯⋯⋯⋯⋯**089**

　　5.1　WebPilot ⋯⋯⋯⋯⋯⋯⋯⋯⋯⋯⋯⋯⋯⋯⋯⋯ 090

　　5.2　Yabble ⋯⋯⋯⋯⋯⋯⋯⋯⋯⋯⋯⋯⋯⋯⋯⋯⋯ 094

　　5.3　Ask Your PDF ⋯⋯⋯⋯⋯⋯⋯⋯⋯⋯⋯⋯⋯⋯ 097

　　5.4　Expedia ⋯⋯⋯⋯⋯⋯⋯⋯⋯⋯⋯⋯⋯⋯⋯⋯ 101

　　5.5　Wolfram ⋯⋯⋯⋯⋯⋯⋯⋯⋯⋯⋯⋯⋯⋯⋯⋯ 104

　　5.6　Show Me Diagrams ⋯⋯⋯⋯⋯⋯⋯⋯⋯⋯⋯⋯ 107

　　5.7　ScholarAI ⋯⋯⋯⋯⋯⋯⋯⋯⋯⋯⋯⋯⋯⋯⋯ 109

　　5.8　Video Insights ⋯⋯⋯⋯⋯⋯⋯⋯⋯⋯⋯⋯⋯⋯ 112

　　5.9　Speak ⋯⋯⋯⋯⋯⋯⋯⋯⋯⋯⋯⋯⋯⋯⋯⋯⋯ 114

　　5.10　VoxScript ⋯⋯⋯⋯⋯⋯⋯⋯⋯⋯⋯⋯⋯⋯⋯ 117

第 6 章　ChatGPT 的双重能力：自然语言生成与理解 ⋯⋯⋯**121**

　　6.1　自然语言生成基本概念 ⋯⋯⋯⋯⋯⋯⋯⋯⋯⋯ 122

　　6.2　自然语言理解基本概念 ⋯⋯⋯⋯⋯⋯⋯⋯⋯⋯ 127

　　6.3　ChatGPT 在自然语言生成中的应用 ⋯⋯⋯⋯⋯ 134

　　6.4　ChatGPT 在自然语言理解中的应用 ⋯⋯⋯⋯⋯ 138

　　6.5　融合生成与理解的对话系统 ⋯⋯⋯⋯⋯⋯⋯⋯ 140

第 7 章　持续改进和用户满意度提升：ChatGPT 运营反馈 ⋯⋯⋯**144**

　　7.1　用户反馈收集途径 ⋯⋯⋯⋯⋯⋯⋯⋯⋯⋯⋯⋯ 145

　　7.2　用户反馈数据分析 ⋯⋯⋯⋯⋯⋯⋯⋯⋯⋯⋯⋯ 148

　　7.3　改进措施制定 ⋯⋯⋯⋯⋯⋯⋯⋯⋯⋯⋯⋯⋯⋯ 152

　　7.4　跟进与持续改进 ⋯⋯⋯⋯⋯⋯⋯⋯⋯⋯⋯⋯⋯ 156

　　7.5　内部沟通与分享 ⋯⋯⋯⋯⋯⋯⋯⋯⋯⋯⋯⋯⋯ 161

　　7.6　用户满意度提升 ⋯⋯⋯⋯⋯⋯⋯⋯⋯⋯⋯⋯⋯ 163

　　7.7　用户反馈激励机制 ⋯⋯⋯⋯⋯⋯⋯⋯⋯⋯⋯⋯ 168

第 8 章　智能交互的多重形态：ChatGPT 应用场景与案例分析 ···· 172

　　8.1　日常生活与娱乐应用 ···································· 173

　　8.2　教育与培训应用 ······································· 184

　　8.3　商业与企业应用 ······································· 192

第 9 章　未来对话质量的极限测试：ChatGPT 评估与评价 ··········· 205

　　9.1　性能指标与评估方法概述 ······························ 206

　　9.2　系统准确性与可靠性评估 ······························ 213

　　9.3　自然语言生成质量评价 ································· 215

　　9.4　多样性与创新性评估 ··································· 220

　　9.5　用户满意度与实用性评估 ······························ 223

　　9.6　跨领域与多语言支持评价 ······························ 225

　　9.7　社会影响与公共利益评估 ······························ 227

第 10 章　人机交互新时代的瓶颈与突破：ChatGPT 的潜在挑战
　　　　与未来展望 ·· 229

　　10.1　对抗性样本与鲁棒性 ································· 230

　　10.2　语言模型与常识推理 ································· 232

　　10.3　知识更新与持续学习 ································· 235

　　10.4　技术发展与模型优化 ································· 239

　　10.5　多语言支持与文化适应性 ····························· 242

　　10.6　个性化与用户体验优化 ······························ 245

　　10.7　跨学科研究与合作拓展 ······························ 245

　　10.8　社会影响与公共利益平衡 ····························· 247

第1章

引言

1.1　ChatGPT 的概念

ChatGPT 是一种基于深度学习的自然语言处理模型，是由 OpenAI 公司开发的，旨在实现更加自然的文本生成和对话交互。GPT 的全称为 "Generative Pre-trained Transformer"，即 "生成式预训练转换器"。ChatGPT 模型使用了预训练加微调的方法，通过大规模语料的无监督学习语言模型，然后通过在特定任务上进行有监督的微调来完成自然语言生成、问答等任务。

ChatGPT 模型采用了 Transformer 结构，它是一种基于注意力机制的神经网络模型，可以处理可变长度的序列数据，如自然语言文本。相比以往的自然语言处理模型，ChatGPT 模型的最大特点是具有更好的生成能力，能够产生更自然、流畅的文本，且可以完成复杂的问答和对话任务。

ChatGPT 模型的训练过程一般分为两个步骤：预训练和微调。

在预训练阶段中，模型通过大规模的无监督学习，从海量的文本语料中学习语言模型。OpenAI 发布的第一个版本的 ChatGPT 模型使用 40 GB 的英文语料库来进行预训练，第二个版本则采用了更大规模的语料库，包括 60 GB 的英文语料库和 13.5 GB 的网络文本。预训练过程中，ChatGPT 模型使用"掩码语言建模"和"下一句预测"的方式进行训练，即通过将句子中的部分词随机掩码，并让模型预测这些被掩码的词，来训练模型的语言理解能力。此外，ChatGPT 还通过预测两个句子之间的关系，来学习句子之间的语义关系。

在预训练完成后，ChatGPT 模型可以通过微调来适应不同的任务和场景。微调是指在特定任务上对模型进行有监督的训练，通过大量的有标注的数据，进一步优化模型的性能。例如，在自然语言生成任务中，可以使用微调来让模型生成特定领域的文本，如新闻、文学作品等。而在问答任务中，使用微调可以让模型更好地理解问题并生成准确的答案。

ChatGPT 模型在自然语言处理领域的应用非常广泛，包括自然语言生成、自动问答、机器翻译、文本分类、情感分析等多个方面。

例如，ChatGPT 模型可以用于智能客服领域，实现自动化的问题解答和对话服务。另外，ChatGPT 模型还可以应用于社交媒体、虚拟助手、智能音箱、聊天机器人等多个场景。由于 ChatGPT 模型可以生成自然、流畅的文本，因此它具有极高的应用价值和商业潜力。

除了 ChatGPT 模型，目前还有许多类似的自然语言处理模型，如 GPT-2、GPT-3、BERT、ERNIE 等。这些模型的共同特点是使用深度学习技术，采用 Transformer 结构，具有很强的语言处理能力。不同的是，这些模型在预训练语料、模型结构和微调策略等方面存在差异，因此它们各有优劣和适用场景。

总的来说，ChatGPT 是一种基于深度学习技术的自然语言处理模型，具有较好的自然语言生成能力和应用适应性。通过大规模无监督预训练和有监督微调，ChatGPT 模型可以在各种自然语言处理任务中发挥出色的表现，为人类提供更加自然、智能的语言交互体验，同时为商业领域的创新和发展提供新的机遇和挑战。

1.2 ChatGPT 的主要特点与优势

1.2.1 ChatGPT 的主要特点

ChatGPT 是 OpenAI 开发的人工智能对话机器人。作为一种先进的自然语言处理（NLP）技术，ChatGPT 具有广泛的应用，包括文本生成、机器翻译、情感分析等。下面是对 ChatGPT 主要特点的详细阐述。

1.2.1.1 大规模训练数据

大规模训练数据是 ChatGPT 成功的关键因素之一，这些数据来源于各种类型的文本，如新闻、博客、书籍、论坛等。通过使用大量高质量的训练数据，ChatGPT 能够更好地理解和处理自然语言，实现高度准确和自然的文本生成。

为了构建一个多样化的数据集，OpenAI 首先收集了大量来自不同领域和主题的文本。这些文本来源于各种在线平台，包括新闻网站、社交媒体、在线论坛、专业博客以及各种学术和非学术书籍。这些文本涵盖广泛的主题，如科技、政治、经济、文化、历史、艺术等，为模型提供了丰富的知识背景。

在收集了大量文本数据后，OpenAI 会对这些数据进行筛选和清洗，以确保训练数据的质量。数据清洗包括去除重复内容、纠正拼写错误、删除垃圾信息等，以确保模型训练过程中不受到噪声数据的干扰。同时，筛选过程还涉及对数据的可靠性和准确性进行评估，以确保模型训练所依赖的信息是正确和有价值的。

构建多样化数据集的目的在于使模型具有更广泛的知识覆盖面和更强的泛化能力。通过让模型接触各种类型的文本，它可以学会处理不同领域和语境下的自然语言，这使得 ChatGPT 能够在多种应用场景中表现得更出色。例如，它可以为用户提供关于科学、技术、文学、历史等各种主题的信息，或者在对话中理解和回应复杂的语境。

此外，大规模训练数据还有助于提高模型的生成能力。在训练过程中，模型会学习大量的语法规则、词汇搭配以及各种句子结构，从而在生成文本时能够产生更自然、更流畅的句子。这种生成能力不仅使得 ChatGPT 在回答用户问题时更准确，而且使得生成的文本更具可读性和舒适感。

总之，大规模训练数据为 ChatGPT 提供了丰富的知识和语境，使其能够更好地理解和处理自然语言。这些数据来自多种类型的文本，经过筛选和清洗，形成了一个多样化的数据集。这种多样化的训练数据有助于提高模型在各种应用场景中的性能和泛化能力，使其能够更好地适应不同领域的任务。

利用大规模训练数据，ChatGPT 可以更好地捕捉人类语言的复杂性和多样性，从而实现更自然、更贴近人类的对话体验。在处理实际问题时，模型可以根据输入的上下文信息判断出合适的回答，这意味着它可以在诸如客户支持、知识问答、教育辅导等场景中发挥重要作用。

大规模训练数据还有助于提高模型对于不同文化和语言习惯的理解。在训练过程中，模型可以接触到各种不同语言环境和文化背景的文本，从而学会处理多样化的表达方式和语言特点。这使得 ChatGPT 在跨文化交流和多语言处理任务中具有更好的适应性。

1.2.1.2 大模型容量

GPT-4 模型作为一种先进的自然语言处理技术，具有大量的神经元和参数，这为其提供了强大的表达能力和抽象层次。这种丰富的表达能力和抽象层次使得 GPT-4 能够捕捉到更复杂的语言规律和知识结构，从而生成更准确、更自然的文本。下面是 GPT-4 在这方面所表现出的一些优势。

一是高度准确的语言理解：GPT-4 的大量神经元和参数使其能够更好地理解和捕捉自然语言中的微妙差异和潜在含义。这意味着模型可以在处理各种任务时提供更高的准确性，如问答、摘要、情感分析等。

二是复杂推理能力：GPT-4 模型具有较强的逻辑推理能力，可以在给定的上下文中进行复杂的推理过程。这使得模型能够在处理需要深度理解和推理的任务时表现出色，如对话系统、智能辅导等。

三是丰富的知识库：GPT-4 模型在训练过程中接触到了大量的文本数据，这使得模型能够学习到丰富的知识和信息。这种丰富的知识库使得模型在处理需要专业知识的任务时具有较高的可靠性，如技术支持、领域咨询等。

四是多样化的语言风格：GPT-4 模型能够生成多种风格的文本，从正式到非正式，从严肃到幽默。这意味着模型可以根据具体场景和用户需求调整其生成文本的风格，从而提供更为个性化和自然的体验。

五是多层次的抽象表达：GPT-4 模型可以在多个抽象层次上理解和生成自然语言。这使得模型能够根据不同的任务需求生成不同层次的文本，如简洁的摘要、详细的描述、抽象的概括等。

六是多任务学习与泛化能力：GPT-4 模型具有较强的多任务学习和泛化能力。这意味着模型可以在处理一个任务的同时学习其他任务的知识，从而提高其在新领域和任务中的表现。

七是高效的计算性能：尽管 GPT-4 具有大量的神经元和参数，但其基于 Transformer 架构的设计使得模型在计算过程中仍具有较高的效率。Transformer 架构采用并行计算和自注意力机制，这使得模型能够在处理大规模数据时保持较高的计算性能。此外，GPT-4 模型还可以通过模型压缩和蒸馏技术进行优化，从而在有限的计算资源下实现高效运行。

八是可解释性和可调整性：GPT-4 模型的可解释性和可调整性有助于研究人员和工程师深入了解模型的工作原理，从而进行有针对性的优化和改进。例如，研究人员可以通过分析模型的注意力权重和隐藏层激活来揭示模型的内部结构，从而提高模型的性能和适用性。

九是社区支持和开源资源：GPT-4 模型得益于庞大的研究社区和丰富的开源资源。这使得模型的开发和应用变得更加便捷，同时为研究人员和工程师提供了一个交流和学习的平台。开源资源的普及使得 GPT-4 模型可以快速地应用到各种实际场景中，从而发挥其强大的表达能力和抽象层次。

十是模型优化和创新：GPT-4 模型作为当前自然语言处理技术的前沿，不断地受到优化和创新。研究人员和工程师通过引入新的架构、技术和算法来提高模型的性能，从而使其在处理复杂的语言任务时表现得更加准确和自然。

总之，GPT-4 模型凭借其大量的神经元和参数为自然语言处理带来了强大的表达能力和抽象层次。这使得模型能够捕捉到更复杂的语言规律和知识结构，从而生成更准确、更自然的文本。GPT-4 在语言理解、复杂推理、知识库、语言风格、抽象表达等方面的优势使其在自然语言处理领域具有广泛的应用前景。随着研究的深入和技术的发展，相信GPT-4将在未来的自然语言处理任务中发挥更加重要的作用。

1.2.1.3 迁移学习能力

ChatGPT 具有出色的迁移学习能力，这使得它能够在一个领域的知识和技能上迅速适应另一个领域的任务。这一特点使得模型在面对新的应用场景时具有高度的灵活性和适应性。下面是关于 ChatGPT 迁移学习能力的一些详细描述。

一是数据驱动的学习：ChatGPT 通过大量的数据训练，能够自动地从文本中提取和学习有用的信息和规律。这使得模型在处理新领域的任务时无须进行大量的领域专家干预，从而降低了开发和应用的难度。

二是通用表示学习：ChatGPT 在训练过程中学习到了一种通用的语言表示，这种表示在很大程度上可以跨领域使用。这意味着模型在一个领域学到的知识和技能可以方便地迁移到另一个领域，从而提高模型在新任务中的表现。

三是多任务学习：ChatGPT 通过多任务学习机制，可以在处理一个任务的同时学习其他任务的知识。这种机制使得模型在处理多个任务时具有较高的效率和灵活性，同时有助于提高模型的泛化能力。

四是快速适应和微调：ChatGPT 可以通过快速适应和微调的方法在新领域和任务中实现高效的迁移学习。这意味着模型可以在有限的标注数据和计算资源下实现较好的性能，从而降低迁移学习的成本和难度。

五是模型结构的可调整性：ChatGPT 的 Transformer 架构具有较好的可调整性，可以根据不同任务和领域的需求进行调整。这使得模型在迁移到新领域和任务时具有较高的灵活性，从而提高其迁移学习的效果。

六是鲁棒性和抗干扰能力：ChatGPT 在训练过程中接触到了大量的噪声和异常数据，这使得模型具有较强的鲁棒性和抗干扰能力。这种能力使得模型在迁移到新领域和任务时能够更好地应对数据不足、噪声干扰等问题。

七是预训练和微调策略：ChatGPT 采用预训练和微调的策略，使得模型在迁移到新任务时可以更好地利用已有的知识和技能。预训练阶段，模型在大量无标注数据上进行训练，学习通用的语言表示和结构。微调阶段，模型在特定任务的有标注数据上进行训练，以便更好地适应新任务的特点。这种策略使得模型能够在保持通用性的同时实现高效的迁移学习。

八是模型容量和表达能力：ChatGPT 具有大量的神经元和参数，这使得模型具有较强的表达能力和抽象层次。这种丰富的表达能力和抽象层次使得模型能够更好地捕捉不同领域和任务的特点，从而提高其迁移学习的效果。

九是模型优化和蒸馏：为了实现高效的迁移学习，ChatGPT 可以通过模型优化和蒸馏技术进行改进。

综上所述，ChatGPT 具有出色的迁移学习能力，这使得它能够在一个领域的知识和技能上迅速适应另一个领域的任务。这一特点使得模型在面对新的应用场景时具有高度的灵活性和适应性。数据驱动的学习、通用表示学习、多任务学习、快速适应和微调、模型结构的可调整性、鲁棒性和抗干扰能力、预训练和微调策略、模型容量和表达能力、模型优化和蒸馏等因素共同为 ChatGPT 的迁移学习能力提供了强大的支持。在未来的自然语言处理任务中，ChatGPT 的迁移学习能力有望在各种场景中发挥重要作用，为实现更高效、更智能的人工智能应用奠定基础。

1.2.1.4　零样本学习

ChatGPT 具备零样本学习能力，即在没有特定任务的训练数据的情况下，也能根据上下文推断出正确的答案。这使得模型在处理未曾遇到过的问题时仍然具有较高的准确性和可靠性。

1.2.1.5　生成式预训练

ChatGPT 采用生成式预训练方法，通过无监督学习捕捉大量的语言知识。这使得模型在训练初期就具有较强的生成能力和语言理解能力。

1.2.1.6　多任务学习

ChatGPT 具备多任务学习能力，可以同时处理多个任务。这种一体化的学习策略有助于提高模型在各个任务上的性能，同时提高了模型的泛化能力。

1.2.1.7　上下文感知

ChatGPT 能够理解和处理上下文信息，从而生成与语境相关的准确回答。

1.2.2　ChatGPT 的优势

ChatGPT 作为一种基于 Transformer 架构的预训练语言模型，已经在自然语言处理领域取得了广泛的应用和显著的进展。相比其他语言模型，ChatGPT 具有以下几个优势。

1.2.2.1　预训练模型的效果更好

ChatGPT 采用的是基于 Transformer 的预训练模型，通过大量的无监督学习，可以自动学习语言中的规律和模式，从而具有更好的泛化能力

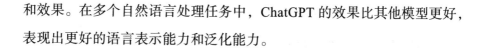

和效果。在多个自然语言处理任务中，ChatGPT 的效果比其他模型更好，表现出更好的语言表示能力和泛化能力。

1.2.2.2 支持更多的自然语言处理任务

ChatGPT 不仅可以用于文本生成任务，还可以用于问答、机器翻译、文本分类、情感分析、语义搜索等多种自然语言处理任务。相比其他语言模型，ChatGPT 支持的任务更加广泛，可以更好地满足不同场景和应用的需求。

1.2.2.3 支持多语言处理和跨语言处理

ChatGPT 通过大规模跨语言数据的预训练来提高模型的泛化能力和效果，可以处理多种语言之间的跨语言自然语言处理任务，如机器翻译、语言理解、文本分类等。同时，ChatGPT 采用语言嵌入和对齐技术，将语言特征嵌入到模型中，可以更好地处理跨语言数据。

1.2.2.4 可以用于生成多样化的文本

ChatGPT 具有生成多样化的能力，可以生成多样化、有趣的文本。通过对生成结果进行采样和温度调整等技术，可以生成多样化的文本，具有更好的创造力和趣味性。这一特性使得 ChatGPT 在文本生成任务中具有更广泛的应用场景和可能性。

1.2.2.5 支持大规模分布式训练

ChatGPT 的训练过程采用了分布式训练技术，可以利用多台计算机的计算资源来加速训练过程。通过分布式训练技术，可以更快地进行模型训练和优化，提高训练效率和效果。

1.2.2.6 可以用于迁移学习和多任务学习

ChatGPT 采用了预训练和微调的方式来学习语言知识和模式，可以用于迁移学习和多任务学习。在预训练阶段，可以利用大规模无标注数据进行训练，从而学习到更多样化的任务适应能力。

ChatGPT 可以应用在许多不同的任务中，包括生成任务（如对话生成和文本生成）、分类任务（如情感分类和文本分类）和理解任务（如问答和阅读理解）。这种多样化的任务适应能力使得 ChatGPT 成了自然语言处理领域中的一种重要工具。通过预训练和微调的方式，ChatGPT 可以在不同的任务中获得优秀的表现，甚至在某些任务上超过了人类的表现。

1.2.2.7 强大的语言理解能力

ChatGPT 的另一个显著优势是其强大的语言理解能力。由于其基于 Transformer 架构，ChatGPT 能够有效地捕捉句子的语义信息，包括语法结构、语义关系和上下文信息。通过对大量数据的预训练，ChatGPT 可以学习到多种语言模式和知识，从而理解不同语境中的语言表达和含义。

1.2.2.8 面向未知领域的泛化能力

ChatGPT 在泛化能力方面也表现出色。在自然语言处理领域中，模型需要能够处理未知领域中的数据。在面对未知领域的数据时，ChatGPT 可以通过对通用知识的运用来进行适应，从而实现在未知领域的应用。

1.2.2.9 高效的计算能力

由于其基于 Transformer 架构，ChatGPT 可以高效地进行并行计算。这种高效的计算能力使得 ChatGPT 在大规模数据上的训练更加高效，并且可以实现更快的推理速度。此外，ChatGPT 的训练可以通过分布式计算的方式进行，从而进一步提高训练效率和性能。

1.2.2.10　可扩展性和可定制性

ChatGPT 的预训练模型可以用于不同的任务和领域，因为预训练的参数可以被微调和重新训练。这种可扩展性和可定制性使得 ChatGPT 适应不同的需求和场景。此外，由于其开放源代码，ChatGPT 也可以被扩展和修改，以适应不同的应用场景和任务需求。例如，可以基于 ChatGPT 进行自定义的预训练、微调和扩展，从而进一步提高模型的性能和应用能力。

综上所述，ChatGPT 作为一种基于 Transformer 的预训练语言模型，在自然语言处理领域中表现出色，并取得了显著的进展。随着人工智能技术和自然语言处理领域的不断发展，ChatGPT 的应用前景将会更加广阔，也将为人类语言处理和智能交互带来更多的机遇和挑战。

1.3　ChatGPT 的演进

自人工智能诞生以来，科学家们一直在努力开发出能够理解和生成自然语言的机器。ChatGPT 是这一领域的杰出成果之一，从最初的概念到现代的 AI 助手，它经历了多个阶段的演进，如图 1-1 所示。

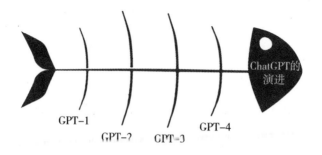

图 1-1　ChatGPT 的演进

1.3.1 早期实验与 GPT 的诞生

在人工智能领域，早期的自然语言处理（NLP）模型主要基于规则和模板，处理能力有限。随着深度学习和神经网络的发展，研究者们开始尝试使用这些技术解决 NLP 问题。

2018 年，OpenAI 发布了第一代 GPT 模型，为自然语言处理领域带来了重要突破。GPT 模型基于 Transformer 架构，采用预训练和微调的两阶段训练方法，展示出了在多种生成式任务上的卓越性能。

在 GPT 之前，循环神经网络（RNN）和长短时记忆网络（LSTM）等方法在自然语言处理领域占据主导地位。然而，这些方法在处理长距离依赖关系方面存在局限。2017 年，瓦斯瓦尼（Vaswani）等人提出了 Transformer 架构，引入自注意力（self-attention）机制，有效地解决了长距离依赖问题。Transformer 架构摒弃了传统的 RNN 和 CNN，提高了处理并行性和捕捉全局上下文的能力。

GPT 模型采用了预训练和微调的两阶段训练策略。在预训练阶段，模型通过大量无标签文本数据学习自然语言的统计特征，获取丰富的语言知识；在微调阶段，模型使用特定任务的有标签数据进行调整，从而针对各种具体任务产生更精确的输出。这种训练策略为 GPT 的成功奠定了基础。

GPT 模型的一个显著特点是将预训练与生成式任务结合。通过生成式任务，GPT 可以在给定上下文的情况下生成符合自然语言规律的连续文本。这使得 GPT 能够在诸如文本生成、摘要生成、问答和机器翻译等任务上表现出色。

在发布 GPT 模型时，OpenAI 团队展示了多种实验结果。GPT 在自然语言推理、语义相似度、情感分类等任务上取得了竞争性能。这些实验结果验证了 GPT 模型的有效性，并为后续研究和改进奠定了基础。

第一代 GPT 模型的发布对自然语言处理领域产生了深远影响。其预训练和微调策略已成为当今 NLP 领域的主流方法。此外，GPT 的成功也激发了研究者们开发更大规模、更强大的模型的兴趣。例如，OpenAI 在 GPT 的基础上推出了 GPT-2 和 GPT-3 等后续模型，这些模型在规模和性能上有了进一步提升。

尽管 GPT 在自然语言处理领域取得了显著的成果，但它仍然存在一些局限性。首先，GPT 对计算资源的需求较高，这使得训练和部署过程相对复杂；其次，GPT 在处理一些需要深度理解和推理的任务上表现尚有不足；最后，GPT 在生成文本时可能产生不准确或不道德的内容。这些需要后续研究者在性能、可靠性和道德伦理方面进行改进和完善。

1.3.2　GPT-2：大胆的尝试与令人担忧的潜力

GPT-2 是 OpenAI 在 2019 年发布的自然语言处理模型，作为 GPT 系列的第二代产品，GPT-2 在模型规模、训练数据量和性能上相较第一代 GPT 模型实现了重要提升。

相较第一代 GPT，GPT-2 的模型规模扩大了数倍。GPT-2 包含 15 亿个参数，而第一代 GPT 仅有 1.17 亿个参数。通过增加模型参数，GPT-2 具备了更强大的表达能力，能够处理更为复杂的自然语言任务。为了提升模型的性能，OpenAI 在 GPT-2 的训练过程中使用了大量的文本数据。GPT-2 的训练数据来自 WebText 数据集，这是一个包含超过 800 万篇文档的大型数据集。通过利用如此庞大的数据集，GPT-2 能够学习到更丰富的语言知识，从而提升模型在各种任务上的性能。

GPT-2 在多种自然语言处理任务上展示出了显著的性能提升。与第一代 GPT 相比，GPT-2 在文本生成、摘要生成、问答和机器翻译等任务上的表现更加出色。在某些任务中，GPT-2甚至已经接近人类的水平。

GPT-2在训练时没有针对特定任务进行微调，而是采用了一种被称为"Zero-Shot"的学习策略。这意味着GPT-2可以在没有接受特定任务训练的情况下处理各种任务。Zero-Shot学习策略使得GPT-2具有较强的泛化能力，进一步证明了预训练模型在自然语言处理领域的有效性。

GPT-2在发布之初引起了广泛关注，部分原因是其在生成文本方面的强大能力。然而，这种能力也带来了一定的滥用风险。为了防止GPT-2被用于制造虚假信息或不道德内容，OpenAI在发布GPT-2时采取了谨慎的态度，最初只公开了模型的部分规模。随着对模型安全和道德问题的研究和讨论，OpenAI逐步释放了更大规模的GPT-2模型，并提供了相应的使用指南和建议。

GPT-2在自然语言处理领域产生了深远的影响。它进一步验证了基于预训练模型的方法在处理各种NLP任务中的有效性。此外，GPT-2也激发了研究者们在模型规模、数据量和训练策略等方面进行更多探索的兴趣。GPT-2的发布同时引发了关于人工智能安全和道德问题的讨论。这些讨论使得研究者们更加关注模型在实际应用中可能产生的负面影响，并努力寻找降低这些风险的方法。

1.3.3　GPT-3：规模的飞跃与应用的广泛

GPT-3是OpenAI在2020年发布的第三代自然语言处理模型。作为GPT系列的最新产品，GPT-3在模型规模、训练数据量和性能上实现了前所未有的提升，被誉为自然语言处理领域的里程碑式成果。

相比GPT-2，GPT-3的模型规模有了飞跃式增长。GPT-3采用了更大的网络层级，拥有96层，每一层中每个词语的表示维度为12 288，共计 1 750 亿的参数。这个庞大的参数规模使得 GPT-3 在捕捉历史信息和理解语境方面具有更强的能力，从而提高了其在各种任务上的表现。例如，GPT-3 在文本生成、摘要生成、问答、机器翻译等任务上的表现更加出色。

此外，为了训练 GPT-3，OpenAI 使用了更大规模的文本数据，包括互联网上几乎所有文本数据。GPT-3 的训练数据来源于 Common Crawl 数据集以及其他互联网文本数据，过滤后的训练数据达到了 5 000 亿的单词数。这使得 GPT-3 能够获取更多的上下文信息和知识，为其在各种任务上的高质量完成提供了基础。

GPT-3 还引入了一种被称为 "Few-Shot" 的学习策略。这意味着 GPT-3 可以在仅给予少量示例的情况下处理各种任务。相较于 Zero-Shot 学习策略，Few-Shot 学习策略使得 GPT-3 具有更好的泛化能力和适应性。得益于其强大的性能和泛化能力，GPT-3 在许多应用场景中具有广泛的潜力。GPT-3 可以应用于智能客服、内容生成、编程辅助、知识检索等领域，为人类生活和工作带来诸多便利。

GPT-3 在自然语言处理领域产生了深远的影响。它进一步验证了基于预训练模型的方法在处理各种 NLP 任务中的有效性。此外，GPT-3 的成功也激发研究者们在模型规模、数据量和训练策略等方面进行更多的探索。

1.3.4　GPT-4 与 ChatGPT：更加智能的 AI 助手

在吸取前三代 GPT 模型的经验教训之后，OpenAI 推出了 GPT-4。GPT-4 在保持强大生成能力的同时，进一步优化了模型的稳定性和可靠性。在这一基础上，OpenAI 开发了 ChatGPT，旨在将 GPT-4 的能力应用于实际场景，为用户提供智能、灵活的交互体验。

GPT-4 是一种基于神经网络的自然语言处理模型，是 GPT 系列的下一代模型。它的设计目的是进一步提升自然语言处理的能力和表现，并探索更加广泛和复杂的自然语言场景。

相比前三代模型，GPT-4 在以下方面有了进一步的提升。

一是规模更大：GPT-4 可能继续扩大模型规模，包含更多的参数和更多的层数，以进一步提升自然语言处理的能力。

二是更多领域适应性：GPT-4 可能会更加关注多领域适应性，包括更深入地理解特定领域的术语和语言习惯。

三是更多模态支持：GPT-4 可能会更多地涉及多模态自然语言处理，包括语音、图像和视频等多种形式的信息输入和输出。

四是更强的自学习能力：GPT-4 可能会在自学习能力方面有所提升，能够更好地适应自然语言场景的动态变化。

总之，GPT-4 的演化方向可能会更加注重多样性和复杂性，以进一步提升自然语言处理的能力和表现，同时更加注重实用性和应用性，以更好地为人类社会服务。

第2章

对话新时代的智能伙伴:

ChatGPT与人类思维

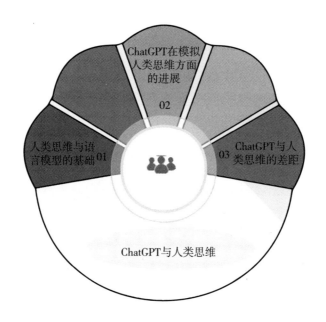

2.1 人类思维与语言模型的基础

人类思维是一种高度复杂和多样化的认知过程，涉及感知、思考、推理、记忆、判断、决策等多个方面。其中，语言是人类思维的核心组成部分，是人类交流和表达思想的主要方式。因此，语言模型的目标就是模拟人类思维中的语言处理过程，从而实现人机交互。

语言模型是一种基于自然语言处理技术和机器学习算法的模型，其核心是将语言处理问题转化为概率建模问题。通过学习大量的语言数据来提取语言规律和模式，语言模型能够理解、生成和转换自然语言。

语言模型的发展可以追溯到20世纪50年代，随着计算机技术和自然语言处理技术的不断发展，语言模型得到了越来越广泛的应用。现代语言模型主要基于神经网络模型，如循环神经网络（RNN）和转换器（Transformer）等，这些模型能够学习到更加复杂和深层次的语言规律和模式。

语言模型在自然语言处理领域中有着广泛的应用，如语音识别、机器翻译、文本摘要、问答系统、对话生成等。其中，对话生成是语言模型的一项重要应用，旨在模拟人类思维中的语言交流过程，实现人机交互。

但是，人类思维与语言模型之间仍然存在一定的差距。一方面，人类思维涉及的认知过程非常复杂，不仅仅是语言处理过程，还包括感知、情感、判断、决策等多个方面；另一方面，语言模型在处理语言时仍然存在一定的误差和不确定性，尤其是在处理复杂和多义性的语言表达时，其表现可能不如人类思维。

因此，如何进一步模拟和优化语言模型，使其更加贴近人类思维和语言交流，是未来自然语言处理领域的一个重要研究方向。

首先，语言模型需要具备更多的能力，如情感理解、常识推理、知识图谱等。情感理解是指语言模型能够识别和理解语言表达中的情感和情绪，从而生成更加符合实际情境的回答。常识推理是指语言模型能够从语言表达中推理出实际世界中的事实和关系，从而更好地理解和处理语言。知识图谱是指将丰富的实体和关系信息组织成图形化知识结构，语言模型可以结合知识图谱来更好地理解和推理语言表达中的实体及关系，进一步提高对话生成的质量和效果。

其次，语言模型还需要具备更高的智能和灵活性，能够适应不同的语言风格和语言场景，生成更加多样化和创新性的回答。例如，在不同的领域和场景下，人们使用的语言表达、语气、口吻、文化背景等都不同，语言模型需要适应不同的语言风格和场景，生成更加符合实际情境和用户需求的回答。

最后，为了进一步模拟和优化语言模型，需要更好地了解人类思维和语言交流的本质。例如，在语言交流中，人们往往不仅仅是简单地传递信息，而是希望能够建立情感和社交联系，表达自己的想法和意见，探索和理解世界。因此，语言模型需要更加关注人类思维和语言交流中的这些方面，从而更好地实现人机交互。

总之，虽然语言模型在模拟人类思维和语言交流方面取得了很多进展，但与人类思维之间仍然存在差距。未来，随着人工智能技术和自然语言处理技术的不断发展，语言模型将会越来越贴近人类思维和语言交流，为人机交互提供更加智能、自然的体验。同时，人们需要更深入地探索和理解人类思维和语言交流的本质，从而更好地引导和优化语言模型的发展。

2.2　ChatGPT 在模拟人类思维方面的进展

ChatGPT 是一种基于自然语言处理技术和机器学习算法的语言模型，旨在模拟人类思维中的语言处理过程，实现自然、流畅、逼真的对话生成。作为当前自然语言处理领域的一项重要技术，ChatGPT 在模拟人类思维方面取得了许多进展，下面从以下几个方面进行阐述。

2.2.1　基于 Transformer 的深度架构

Transformer 是一种基于自注意力机制的深度神经网络架构，它不仅在机器翻译和自然语言生成等任务中表现优异，还成为 ChatGPT 的核心架构。相比传统的循环神经网络模型，Transformer 能够更好地处理长序列输入，并且能够更好地捕捉语言中的依赖关系和上下文信息，从而实现更加自然、流畅的对话生成。

ChatGPT 模型采用的是基于 Transformer 的深度架构，包括多层

Transformer 编码器和解码器。编码器主要负责将输入文本转化为一组高维向量，这些向量包含了文本中的语义信息和上下文关系。解码器则将编码器输出的向量作为输入，逐步生成文本序列，直到生成完整的对话文本。

随着自然语言处理技术的发展，越来越多的研究者开始探索如何将深度学习应用于语言模型的构建。其中，基于 Transformer 的深度架构在语言模型领域中引起了广泛关注，并在一定程度上弥补了循环神经网络等传统模型的不足。ChatGPT 作为基于 Transformer 架构的对话生成模型，在模拟人类思维方面取得了一系列进展。

关于 Transformer 的架构在第 3 章会有详细的阐述，本节不再赘述。

2.2.2　预训练策略的改进

为了更好地模拟人类思维和语言交流，ChatGPT 采用了一种预训练策略，即在大规模语料库上进行无监督的预训练，并使用预训练模型来生成对话文本。这种预训练策略不仅可以提高模型的对话生成能力，还可以使模型具备更好的迁移性和泛化能力，从而适应不同的对话场景和任务需求。

在预训练方面，ChatGPT 采用了一种自回归的预训练方法，即将文本序列划分为多个片段，并使用前面的文本片段来预测后面的文本片段。在预训练过程中，ChatGPT 还采用了一种叫作掩码语言模型（masked language model，MLM）的方法，即随机将文本中的某些单词或短语掩盖，并要求模型从上下文中推断出被掩盖的单词或短语，从而使模型更好地理解和建模语言上下文关系。

预训练策略是自然语言处理领域中的一个关键技术，旨在通过学习大量未标注数据，为后续的任务学习提供更好的初始化和表示。在过去几年中，预训练技术在自然语言处理领域中取得了巨大的成功，其中最具代表性的是基于 Transformer 架构的预训练语言模型，如 GPT-2 和 GPT-3。这些模型不仅在大规模文本生成、问答、摘要等任务上取得了显著的效果，也为对话系统的发展提供了新的思路和方法。

预训练技术的发展可以分为两个阶段。第一阶段是传统的语言模型预训练方法，如 word2vec 和 CBOW 等，这些模型通过训练嵌入向量来捕捉单词之间的语义关系。这种方法的主要缺点是无法捕捉更高级的语言结构和信息，因为它们只考虑了单个单词的上下文信息。第二阶段是基于 Transformer 架构的预训练方法，如 GPT 系列模型，这些模型采用了自回归的方式，通过预测下一个单词或短语来预训练模型。由于 Transformer 模型具有更好的并行性和表示能力，因此在语言建模方面表现出了更高的效果。

基于 Transformer 的预训练技术为对话系统的发展带来了新的思路和方法。在以往的对话系统中，通常采用有监督的方法，即通过大量的带标注数据来训练模型。然而，这种方法需要大量的人工标注数据，并且不能处理未知领域的数据。相比之下，基于 Transformer 的预训练技术具有以下优点。

一是无监督学习：基于 Transformer 的预训练技术是无监督学习的，即不需要大量的人工标注数据，只需要使用大量未标注数据来训练模型。这种方法大大降低了模型训练的成本和时间。

二是泛化能力：基于 Transformer 的预训练技术具有很强的泛化能力，可以处理未知领域的数据，并且能够学习到更广泛的语言知识和规律。

三是可扩展性：基于 Transformer 的预训练技术可以很容易地扩展到更大的数据集和更复杂的模型结构，从而提高模型的效果和性能。

　　ChatGPT 作为基于 Transformer 的预训练技术的代表，也在不断改进和优化预训练策略，以更好地模拟人类思维。下面介绍 ChatGPT 在预训练策略方面的进展。

　　一是模型结构：ChatGPT 采用的是基于 Transformer 的深度架构，该模型结构具有很好的表示能力和泛化能力，可以有效地处理自然语言的复杂结构。

　　二是预训练目标：ChatGPT 采用的预训练目标是语言模型，即通过预测下一个单词或短语来训练模型。与传统的语言模型不同的是，ChatGPT 使用了自回归的方式，即在生成每个单词时都会考虑之前生成的所有单词，这使得模型更加准确和连贯。

　　三是数据集：ChatGPT 使用的是大规模的未标注文本数据集，如 Wikipedia 和 BookCorpus 等。通过使用更大的数据集，ChatGPT 能够学习到更广泛的语言知识和规律，提高模型的泛化能力和表现效果。

　　四是精调策略：ChatGPT 采用基于有监督的精调策略，即使用少量带标注的数据来对模型进行微调。这种策略可以提高模型在特定任务上的表现效果，并且可以很容易地扩展到新的任务和领域。

　　五是多任务学习：ChatGPT 采用多任务学习的策略，即在预训练阶段同时训练多个任务。这种策略可以使模型学习到更多的语言知识和规律，从而提高模型的泛化能力和表现效果。

　　总之，基于 Transformer 的预训练技术是自然语言处理领域中最成功的技术之一，而 ChatGPT 作为基于 Transformer 的预训练语言模型，可以不断优化和改进预训练策略，以更好地模拟人类思维。ChatGPT 的进展不仅在对话系统中取得了显著的效果，也为自然语言处理领域的未来发展提供了新的思路和方法。

2.2.3　多任务学习的应用

为了更好地模拟人类思维和语言交流，ChatGPT 还采用了一种多任务学习的方法，即将对话生成任务与其他自然语言处理任务结合起来训练模型，从而提高模型的泛化能力和迁移能力。在多任务学习中，ChatGPT 可以同时学习多个任务，如问答、文本分类、命名实体识别等，从而实现更加全面和多样化的语言处理能力。

此外，ChatGPT 还采用了一种基于样本的重要性采样（importance sampling）的方法，即在训练过程中加入一些具有代表性和难度的样本，从而使模型更好地学习和处理语言中的复杂和多义性信息。

多任务学习是一种同时处理多个任务的学习方法，目的是通过共享模型参数来提高模型的泛化能力和效率。在自然语言处理领域，多任务学习被广泛应用于语言模型和对话系统等任务。ChatGPT 作为一种基于Transformer 架构的语言模型，在多任务学习方面也有着不俗的表现，进一步提高了模型的性能和效果，从而更好地模拟人类思维的多任务处理能力。

ChatGPT 通过预训练和微调的方式来学习语言知识和模式，可以用于多个自然语言处理任务，如文本生成、问答、摘要、情感分析、语言推理等。多任务学习可以通过共享模型参数来提高模型的泛化能力和效率，并且可以更好地利用语言任务之间的相互关系和相互作用。

ChatGPT 在多任务学习方面的进展如下。

一是共享参数的结构设计：为了更好地利用模型的泛化能力和效率，

ChatGPT 采用了共享参数的结构设计，即将不同任务的模型参数共享在一个整体模型中，从而避免了对每个任务都单独训练一个模型的情况。这种结构设计可以在不损失模型性能的情况下，减少模型的参数量和计算量。

二是任务加权策略：ChatGPT 采用了任务加权策略，即在训练过程中为每个任务分配一个权重，从而平衡不同任务的训练难度和重要性。通过任务加权策略，可以更好地利用共享参数的结构，提高多任务学习的效果和泛化能力。

三是联合训练的策略：ChatGPT 采用了联合训练的策略，即同时训练多个任务，从而可以更好地利用任务之间的相互关系和相互作用。通过联合训练的策略，可以提高模型在各个任务上的效果和泛化能力，并且可以减少训练时间和计算成本。

四是多任务学习的应用：ChatGPT 在多任务学习方面的应用涵盖多个自然语言处理任务，如文本分类、文本生成、问答、摘要、情感分析、语言推理等。

ChatGPT 在多任务学习方面的进展，既有着不可忽略的优点，也存在一些挑战和问题。其中，最大的挑战之一是如何在不同任务之间平衡模型的训练和泛化能力。虽然共享参数的结构设计可以减少模型的参数量和计算量，但也会对模型的泛化能力产生影响。另外，不同任务之间的差异和复杂性也会对模型的性能和效果产生影响，如何解决这些问题仍然是多任务学习的研究热点。

综上所述，ChatGPT 作为一种基于 Transformer 架构的语言模型，在多任务学习方面取得了显著的进展。通过共享模型参数、任务加权策略、联合训练的策略等技术手段，ChatGPT 可以同时处理多个自然语言处理任务，并取得优秀的效果和泛化能力。未来，随着多任务学习的不断发展和优化，ChatGPT 将有望更好地模拟人类思维的多任务处理能力，并在自然语言处理领域中发挥更加重要的作用。

2.2.4　大规模预训练模型的构建

随着自然语言处理领域的不断发展和变化，大规模预训练模型已经成了当前自然语言处理领域的热门研究方向之一。这些模型以无监督的方式学习大规模语言数据，通过预测下一个单词或句子来训练模型，从而获得强大的语言表示能力。ChatGPT 作为一种基于 Transformer 的预训练语言模型，也在大规模预训练模型的构建方面取得了显著的进展，进一步提高了模型的泛化能力和效果，可以更好地模拟人类思维的语言处理能力。

ChatGPT 通过对海量数据的预训练，学习到了更广泛、更深入的语言知识和模式。大规模预训练模型的构建主要包括以下几个方面。

一是数据采集和清洗：大规模预训练模型需要大量的语言数据来进行训练。因此，数据采集和清洗是构建大规模预训练模型的重要步骤。数据的质量和规模对模型的效果和泛化能力有着至关重要的影响。

二是模型架构设计：在大规模预训练模型的构建中，模型架构设计也是非常重要的。ChatGPT 采用基于 Transformer 的架构，通过自回归的方式学习语言数据的序列结构和规律。这种架构具有更好的表示能力和泛化能力，在语言建模任务上表现出更高的效果。

三是预训练策略：ChatGPT 采用自回归的方式进行预训练，通过预测下一个单词或短语来训练模型，从而学习到更广泛、更深入的语言知识和模式。同时，ChatGPT 还采用了层次化的预训练策略，从低层到高层逐步提高模型的表达能力和泛化能力。

四是微调策略：微调是指将预训练的模型参数应用到特定任务中，进一步优化模型的表现。

ChatGPT 在大规模预训练模型的构建方面，除了以上几个方面，还有以下几点进展。

一是数据规模的扩大：ChatGPT 的前身 GPT-2 在 2019 年发布时，使用了超过 800 万个英语文档进行预训练。而在 2020 年推出的 GPT-3 中，使用了超过 45 TB 的文本数据进行预训练。这种数据规模的扩大可以进一步提高模型的泛化能力和效果，使其更好地模拟人类的语言思维能力。

二是新的预训练策略：ChatGPT 不断尝试新的预训练策略来提高模型的效果和性能。例如，GPT-2 采用自回归预训练方法，而 GPT-3 则采用多种预训练策略，如自回归、自编码器和对抗学习等，从而学习到更广泛、更深入的语言知识和模式。

三是模型的精简：随着预训练模型规模的不断扩大，模型的参数量和计算量也呈指数级增长。因此，ChatGPT 不断尝试精简模型结构和参数，以在保持模型性能的同时，减少模型的大小和计算成本。

四是多语言预训练：除了英语，ChatGPT 还尝试了多语言预训练，通过使用多语言数据进行预训练，学习到跨语言的语言知识和模式，从而更好地适应多语言环境下的自然语言处理任务。

综上所述，大规模预训练模型的构建是 ChatGPT 在模拟人类思维方面取得进展的重要方面之一。通过不断尝试新的预训练策略和模型架构，以及数据规模的扩大和多语言预训练等手段，ChatGPT 不断提高模型的泛化能力和效果，可以更好地模拟人类的语言思维能力。

2.2.5 跨语言支持的实现

为了更好地模拟人类思维和语言交流，ChatGPT 还实现了跨语言支持的功能，即能够将一种语言转化为另一种语言，并在不同语言之间进行对话交流。在跨语言支持方面，ChatGPT 采用了一种叫作零样本翻译（zero-shot translation）的方法，即通过预训练模型来实现两种不同语言之间的转化，而无须进行额外的语言训练。这种跨语言支持的实现，为不同语言和文化背景的用户提供了更加便捷和自然的语言交流方式。

随着全球化和数字化的不断发展，跨语言自然语言处理成为自然语言处理领域的一个重要研究方向。跨语言自然语言处理旨在将自然语言处理技术应用于多种语言之间，包括机器翻译、语言理解、文本分类等任务。

跨语言自然语言处理面临的主要挑战是语言之间的差异和多样性。不同的语言拥有不同的语法、词汇和语义结构，因此需要特殊的技术来处理跨语言数据。ChatGPT 在跨语言支持的实现方面取得了以下进展。

一是多语言预训练模型：ChatGPT 通过大规模跨语言数据的预训练来提高模型的泛化能力和效果。通过多语言预训练模型，可以在多个语言之间共享模型参数，从而更好地利用跨语言数据的信息和规律。ChatGPT 可以处理多种语言之间的跨语言自然语言处理任务，如机器翻译、语言理解、文本分类等。

二是语言嵌入和对齐：ChatGPT 采用了语言嵌入和对齐技术，将语言特征嵌入到模型中，可以更好地处理跨语言数据。语言嵌入和对齐技术可以将不同语言之间的词汇和语法结构对齐，并学习到跨语言数据之间的语义关系和相互作用。

三是翻译和转换技术：ChatGPT 通过翻译和转换技术来处理跨语言

数据。翻译技术可以将源语言翻译成目标语言，从而处理跨语言机器翻译等任务。转换技术可以将不同语言之间的词汇和语法结构转换成一个共同的表示形式，从而更好地处理跨语言文本分类等任务。

四是多语言微调策略：ChatGPT 采用了多语言微调策略，将预训练模型在跨语言数据上进行微调，从而更好地处理跨语言自然语言处理任务。多语言微调策略可以通过共享模型参数和训练数据来提高跨语言自然语言处理的效果和泛化能力。

ChatGPT 在跨语言支持的实现方面的进展，可以为多语言自然语言处理提供更好的技术支持和应用。例如，ChatGPT 在机器翻译任务上的应用，可以将源语言翻译成目标语言，并且取得了较高的翻译质量和性能。ChatGPT 在跨语言文本分类任务上的应用，可以将不同语言之间的词汇和语法结构转换成一个共同的表示形式，从而更好地处理跨语言文本分类任务。

总的来说，ChatGPT 在跨语言自然语言处理领域的进展，可以更好地模拟人类思维的跨语言处理能力，为全球化和数字化的时代提供更好的自然语言处理技术支持。随着自然语言处理领域的不断发展和变化，ChatGPT 在跨语言支持的实现方面的进展也将继续推动自然语言处理技术的发展和应用。

2.2.6　知识图谱的应用

为了更好地模拟人类思维和语言交流，ChatGPT 还采用了一种基于知识图谱的应用方式，即将语言模型与知识图谱相结合，从而使模型更好地理解和建模语言中的语义信息和知识关系。在这种应用方式中，ChatGPT 可以自动地从知识图谱中提取相关的知识和信息，并将其融合到对话生成过程中，从而实现更加智能和精准的语言处理和交流。

知识图谱是一种用于存储和表示实体、属性和关系的结构化数据，可以用于支持自然语言处理中的多种任务，如问答、语义搜索和对话系统等。ChatGPT 作为一种基于 Transformer 架构的预训练语言模型，在知识图谱的应用方面也取得了显著的进展，进一步提高了模型的泛化能力和效果，可以更好地模拟人类思维的语言处理能力。

ChatGPT 通过预训练和微调的方式来学习语言知识和模式，可以用于多个自然语言处理任务，如文本生成、问答、摘要、情感分析、语言推理等。在知识图谱的应用方面，ChatGPT 的进展主要包括以下几个方面。

一是实体识别和链接：知识图谱的应用需要对实体进行识别和链接，以便将自然语言表达的实体与知识图谱中的实体相对应。ChatGPT 可以通过预训练模型中学习到的语言知识和模式来进行实体识别和链接，从而更好地支持知识图谱的应用。

二是关系抽取和推理：知识图谱的应用需要对实体之间的关系进行抽取和推理，以便从知识图谱中获取更多的信息和知识。ChatGPT 可以通过预训练模型中学习到的语言知识和模式来进行关系抽取和推理，从而更好地支持知识图谱的应用。

三是知识库填充和扩展：知识图谱的应用需要将自然语言表达的信息填充到知识图谱中，以便扩展知识图谱的覆盖范围和深度。ChatGPT 可以通过预训练模型中学习到的语言知识和模式来进行知识库填充和扩展，从而更好地支持知识图谱的应用。

四是知识图谱对话系统：知识图谱对话系统是一种基于知识图谱的对话系统，可以通过将用户的自然语言表达与知识图谱中的实体、属性和关系相对应，从而为用户提供更加智能、个性化的对话体验。ChatGPT 可以通过预训练模型中学习到的语言知识和模式来支持知识图谱对话系统的应用，从而更好地模拟人类思维的语言处理能力。

2.3　ChatGPT 与人类思维的差距

虽然 ChatGPT 在模拟人类思维方面取得了重要的进展和突破，但与人类思维相比，其仍然存在一定的差距和不足之处。具体表现在以下几个方面。

2.3.1　情感和主观性的处理

人类思维在语言交流中不仅仅是简单的信息传递，还包括丰富的情感、主观性和态度等方面。然而，当前的语言模型在处理情感和主观性方面仍然存在很大的挑战，其表现不如人类思维。在实现更加智能和自然的人机交互中，如何更好地处理情感和主观性是一个重要的研究方向。

一方面，ChatGPT 在情感分析方面，通常采用基于规则和基于词典的方法，通过标注情感标签来识别文本情感倾向。然而，这种方法往往只能识别一些明显的情感表达，对于隐含和复杂的情感表达则难以准确识别。相比之下，人类思维可以通过语言的音调、语气、语速等多个方面来推断出文本的情感倾向，同时能结合上下文和语境等因素来理解情感表达的含义。

另一方面，在情感生成方面，ChatGPT 通常是通过给定一个情感类别来生成相应情感的文本。但是，其生成的文本往往是比较机械化和标准化的，缺乏真正的个性化和主观性。与之相比，人类思维通常能够根据自己的经验和情感体验来表达真实、细腻的情感体验，产生具有主观性和个性化的情感表达。

此外，ChatGPT 还存在一定的主观性和偏见问题。由于其训练数据通常是从网络上收集的，而网络上的信息往往是来源于特定社群或文化背景，存在一定的主观性和偏见。因此，在生成文本时，模型也会存在一定的主观性和偏见，难以真正模拟人类思维中的客观和多元视角。

综上所述，未来需要进一步研究和发展更加复杂和真实的情感模型，以更好地模拟人类思维中的情感和主观性处理过程。同时，还需要在训练数据和算法等方面注重多元性和客观性，避免主观性和偏见问题的出现。

2.3.2　对话上下文的理解和处理

从对话上下文的理解和处理的角度来看，ChatGPT 与人类思维之间存在一定的差距。虽然 ChatGPT 在对话生成方面已经取得了很多进展，但是与人类思维相比，其对对话上下文的理解和处理还存在一定的局限性。

一方面，对话上下文是指对话中已经进行过的交流内容，包括说话人、说话内容、语气、语速等多个方面。人类思维能够通过上下文中的信息来理解和推断对话的意图和语境，从而更好地进行交流和回应。但是，ChatGPT 目前的对话生成模型通常只能在句子级别进行生成，缺乏对上下文信息的全面和准确理解。因此，它在处理复杂和多样的对话情境时可能表现出一定的限制。

另一方面，ChatGPT 在对话上下文处理方面，通常采用基于循环神经网络（RNN）和转换器（Transformer）的模型。这些模型能够利用当前的对话内容来生成下一句话，但是对于长对话和多轮对话，ChatGPT

往往难以很好地理解对话的全局和语境，导致生成的回答与上下文不连贯或不准确。相比之下，人类思维在处理对话时，往往能够从多个角度和多个方面理解对话上下文，从而更好地进行交流和回应。

此外，ChatGPT 还存在一定的对话能力缺陷。对话是一种高度复杂和多样化的交流形式，既包括语言层面的交流，也包括情感、意图和目的等方面的交流。ChatGPT 目前的对话生成模型往往难以准确理解和处理这些多样化的对话内容，导致生成的回答和人类思维相比还存在一定的差距。

人类在对话的过程中会考虑到对话的上下文以及之前的对话内容，从而进行更加准确的理解和回复。例如，在一次对话中，当问到"你去过哪些国家"时，人类往往会基于之前的对话内容来推测提问者的意图，如提问者可能是要了解对方的旅行经历或是想了解对方的国家观念等，从而给出更加恰当的回答。而在 ChatGPT 中，由于其是基于文本序列的处理，难以考虑到对话上下文的信息，因此在处理类似的问题时可能会出现理解不准确或是回答不完整的情况。

除此之外，在多轮对话的处理方面，ChatGPT 也存在一定的差距。多轮对话是指在一次对话中，多次进行回答和提问的过程，这种对话往往需要对之前的对话内容进行回忆和理解，从而进行下一步的回答或提问。然而，ChatGPT 的模型结构并没有专门针对多轮对话进行设计，因此其对于对话历史的处理和理解还存在一定的不足，可能会出现回答不准确或是与之前的对话内容不符的情况。

综上所述，未来应进一步优化 ChatGPT 的模型结构和算法，使其能够更加准确地模拟人类思维和语言交流的过程，从而实现更加自然、流畅和准确的人机交互。

2.3.3 知识和常识的理解和应用

在人类思维中，知识和常识是非常重要的组成部分，对于语言理解和生成具有重要的影响。人类通过大量的学习和经验积累，掌握了丰富的知识和常识，并且能够灵活地运用到语言交流和思考中。相比之下，ChatGPT在知识和常识的理解和应用方面仍然存在一定的差距。

首先，在知识的理解和应用方面，ChatGPT依赖大量的文本数据进行训练，通过学习文本数据中的知识和信息，从而实现对于语言的理解和生成。然而，文本数据的覆盖范围和深度是有限的，ChatGPT可能无法涵盖所有的知识和信息，对于某些领域或是具体的问题，ChatGPT可能会出现理解不准确或是回答不完整的情况。这也是ChatGPT在一些专业领域或是具体问题的回答方面往往需要进行专门的训练和优化的原因。

其次，在常识的理解和应用方面，ChatGPT也存在一定的不足。常识是指人们在日常生活和社交交往中所积累的一些基础性知识和规则，是人类思维和语言交流中的重要组成部分。人类通过社交交往和学习等方式获取常识，从而在语言交流和思考中能够灵活地应用。相比之下，ChatGPT依赖大量的文本数据进行训练，无法像人类一样从多方面、多角度地获取常识，并且也难以准确地运用到语言交流中。例如，当问到"喜欢吃苹果的动物是什么"时，人类能够很自然地回答"猴子"，因为这是常识性的知识，但是对于ChatGPT来说，这个问题可能会比较困难，因为它需要具备更多的常识性的知识才能回答。

最后，在某些领域的专业知识方面，ChatGPT可能会出现一些偏差或误解，这也是其训练数据的限制所导致的。例如，在医学领域的问答中，由于ChatGPT对于医学知识的了解和应用相对较少，可能会出现回答不准确或是误导性的情况。

由于知识和常识都是随着时间不断更新和发展的，因此 ChatGPT 也需要不断学习和更新这些知识和常识。但是，ChatGPT 的知识和常识更新的过程仍然存在一定的局限性和不足，因为其所学习和参考的数据主要来自互联网和大型语料库，而这些数据的准确性和全面性并不能得到保证，容易引入偏差和错误。

因此，从知识和常识的理解和应用的角度来看，ChatGPT 与人类思维仍存在一定的差距。为了缩小这种差距，未来的研究应将重点放在如何更好地融合知识库和常识库，如何从不同来源的数据中筛选出正确的信息，并将其应用到自然语言处理中，以实现更加准确和自然的语言交流和理解。

2.3.4　鲁棒性和安全性的保障

人类思维在语言交流中会遵循一定的道德和伦理规范，以保证语言交流的鲁棒性和安全性。然而，当前的语言模型在鲁棒性和安全性方面仍然存在很大的挑战，容易受到恶意攻击和误导性信息的影响，对话质量和效果不可靠。因此，在实现更加智能和自然的人机交互时，如何保障语言交流的鲁棒性和安全性是一个重要的研究方向。

鲁棒性和安全性是当今人工智能系统中最为重要的问题之一。在对话生成领域中，ChatGPT 面临的挑战主要集中在鲁棒性和安全性上。虽然 ChatGPT 能够生成流畅、自然的语言，但它仍然存在与人类思维相比的明显差距，特别是在保障鲁棒性和安全性方面。

首先，ChatGPT 在鲁棒性方面与人类思维存在差距。人类能够根据上下文和语境对话进行解释和理解，并正确理解对方的意图。但是，ChatGPT 的对话生成模型是基于预先训练的模型参数，仅仅是通过模型训练数据学习到的。这意味着 ChatGPT 可能会在处理意外输入时表现出鲁棒性问题。比如，ChatGPT 可能会对含有歧义或误导性信息的输入作出错误的反应，甚至是输出有害内容。

其次，ChatGPT 在安全性方面与人类思维存在差距。在对话生成任务中，由于生成内容的主观性和情感性，ChatGPT 很容易受到攻击者的针对性攻击。比如，攻击者可能会故意提供具有误导性的信息，以引导 ChatGPT 生成有害内容。攻击者还可能通过输入有害信息来损害 ChatGPT 的性能和安全性。此外，ChatGPT 的预训练模型往往是在开源数据集上进行训练的，这意味着攻击者可以针对这些数据集中存在的漏洞和弱点进行攻击。

最后，ChatGPT 的鲁棒性和安全性问题可能会导致一些严重的后果。比如，如果 ChatGPT 无法正确理解对话的意图和上下文，可能会输出不恰当、误导性或有害的内容。这会对人类造成伤害或不良影响。同样，如果 ChatGPT 的安全性受到攻击者的针对性攻击，可能会导致系统的性能受到损害或个人隐私泄露。

为了解决 ChatGPT 与人类思维在鲁棒性和安全性方面的差距，需要采取一系列有效的措施来保证系统的性能和安全性。

例如，为了提高模型的鲁棒性，研究人员提出了一些对抗性训练的方法，旨在使模型对于攻击和干扰具有更好的适应性。同时，还有研究人员在探索如何在对话系统中引入安全机制，如隐私保护、安全验证等，以确保用户信息和隐私的安全。

总的来说，要实现 ChatGPT 与人类思维的真正接近，除了技术上的突破，还需要在伦理、道德等方面进行探讨和规范，同时进行跨学科的合作与研究，以期实现对话系统在未来的全面发展。

2.3.5　跨语言和跨文化的适应性

跨语言和跨文化适应性是现代社会人际交往的一个重要方面，对于机器智能的发展也是不可忽视的。在这个方面，ChatGPT 与人类思维之间还存在一些差距。

一方面，ChatGPT 的语言处理能力主要依赖于大量的语言数据，因此在处理一些少见语言或方言时可能会存在困难。此外，由于语言和文化的紧密联系，ChatGPT 在处理其他文化背景下的语言时也可能出现一定的困难。例如，某些语言中的礼貌语可能与中文中的礼貌语不同，ChatGPT 可能难以理解或生成相应的表达。

另一方面，人类思维中的语言处理过程受到文化、语言背景等因素的影响，会根据不同的情境和文化背景选择不同的语言表达方式。这种文化适应能力是 ChatGPT 所欠缺的。虽然 ChatGPT 可以通过微调等方式进行跨语言和跨文化的适应，但其理解和生成的表达仍然可能受到文化和语言背景的限制。

因此，如何提高 ChatGPT 的跨语言和跨文化适应能力，使其能够更好地处理不同语言和文化背景下的语言表达，是未来自然语言处理研究的一个重要方向。已经有研究人员提出了一些方法，如多语言预训练模型、跨语言知识迁移等，可以帮助 ChatGPT 更好地处理跨语言和跨文化的语言表达。此外，一些研究也开始关注不同文化背景下的语言处理差异，以提高 ChatGPT 的文化适应能力。

综上所述，尽管 ChatGPT 在模拟人类思维方面取得了重要的进展和突破，但仍然存在一定的差距和不足之处。在实现更加智能和自然的人机交互时，需要持续不断地优化和改进语言模型，使其更加贴近人类思维和语言交流。同时，还需要加强对语言交流的道德和伦理规范的关注和保障，确保语言交流的鲁棒性和安全性。

第3章

揭秘ChatGPT神秘面纱：
ChatGPT的核心技术原理与架构

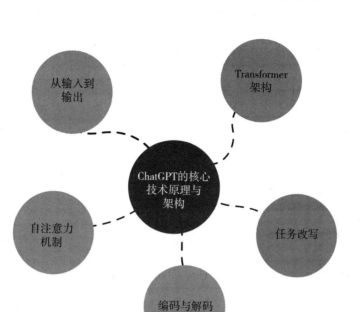

3.1 从输入到输出：ChatGPT 处理信息的流程

为了更好地理解 ChatGPT 的工作原理，本节将详细介绍 ChatGPT 从接收输入文本到生成输出文本的整个处理流程。下面将逐步剖析其关键步骤，帮助读者深入理解 ChatGPT 的核心机制。

首先，要了解一下 ChatGPT 的输入输出过程中涉及的基本概念和表示方法。

一是输入文本：用户输入的自然语言文本，如问题或指令。

二是输出文本：模型生成的自然语言文本，如回答或执行结果。

三是词汇表（vocabulary）：包含所有可能的单词和符号的集合。

四是词嵌入（word embeddings）：将词汇表中的单词转换为固定长度的向量表示。

五是位置编码（positional encoding）：用于表达文本中单词位置信息的向量。

下面详细讨论每个处理步骤。

3.1.1　输入处理

在处理输入文本之前，首先需要对文本进行预处理，包括分词、转换为词汇表索引等。预处理后，文本被表示为一个整数序列，其中每个整数对应词汇表中的一个单词。其次，这些整数序列会被转换为词嵌入，即将每个单词映射到一个固定长度的向量。最后，为捕获单词在文本中的位置信息，模型会将位置编码添加到词嵌入中。这样一来，输入文本就被转换成了模型可以处理的形式。

3.1.2　信息编码

在输入处理完成后，文本信息会传递给由多个 Transformer 层组成的编码器。每个 Transformer 层由自注意力机制和前馈神经网络组成，它们共同对输入信息进行处理和表示。自注意力机制允许模型关注输入文本中各个部分之间的关系，而前馈神经网络则用于提取特征和进行非线性变换。经过多层 Transformer 的处理，输入信息得到了丰富且高层次的表示。

3.1.3　生成策略

在信息编码完成后，模型需要根据上下文信息生成合适的输出。ChatGPT 通常采用贪婪搜索（greedy search）、集束搜索（beam search）或者采样策略（sampling）等方法来生成输出。这些生成策略在生成每个单词时会考虑概率分布以及前面生成的单词。

一是贪婪搜索：在每个时间步，选择概率最高的单词作为输出。这种策略容易导致重复和过于简单的输出。

二是集束搜索：在每个时间步，保留概率最高的前 k 个候选序列（k 为集束宽度）。集束搜索可以平衡输出质量和多样性，但计算成本较高。

三是采样策略：从概率分布中随机抽取一个单词作为输出。采样策略能够产生更多样的结果，但有时可能生成不符合语法规则的输出。

3.1.4 输出处理

生成策略完成后，模型会得到一个整数序列，表示生成的输出文本。这个整数序列需要转换回自然语言文本。首先，将整数序列映射回词汇表中的单词；然后，将这些单词拼接成一个完整的句子。此时，生成的文本可能包含一些特殊符号，如 "<eos>"（表示句子结束），需要将这些符号替换或删除以得到最终的输出文本。

通过这些步骤，模型能够将用户输入的自然语言文本转换为合适的输出文本，实现高质量的自然语言处理任务。

3.2 Transformer 架构：支撑 ChatGPT 的关键技术

3.2.1 Transformer 的诞生背景

在 Transformer 出现之前，循环神经网络（RNN）和长短时记忆网络（LSTM）是处理自然语言任务的主流方法。然而，这些方法在处理长序列数据和捕捉长距离依赖关系时存在困难，导致训练效率低下。此外，RNN 和 LSTM 的计算难以并行化，限制了模型在大规模数据集上的训练速度。为克服这些问题，瓦斯瓦尼（Vaswani）等人于2017年提出了 Transformer 架构，Transformer 是一种基于自注意力机制的神经网络架构，用于解决自然语言处理中的序列到序列（sequence-to-sequence, Seq2Seq）建模问题，彻底改变了自然语言处理领域的研究方向。

3.2.2 Transformer 的优势

相比于循环神经网络（RNN）等传统模型，Transformer 具有以下优势。

首先，Transformer 模型的并行计算能力更强。在 RNN 中，由于每个时间步的计算依赖于前一个时间步的输出，导致无法并行计算，从而限制了其在大规模数据上的训练速度。而 Transformer 模型使用自注意力机制，能够并行计算所有位置的隐藏状态，提高了模型的训练速度。

其次，Transformer 模型能够更好地捕捉长距离依赖关系。在 RNN 中，由于存在梯度消失和梯度爆炸等问题，模型难以捕捉长距离依赖关系。而 Transformer 模型使用了多层自注意力机制，能够在不受梯度消失和梯度爆炸问题影响的情况下捕捉更长的上下文信息。

最后，Transformer 模型能够更好地处理多模态输入。在传统的文本模型中，输入都是单一的文本序列。而在实际应用中，输入可能涉及多种模态，如文本、图像、语音等。Transformer 模型引入多头自注意力机制，可以同时处理多个输入模态，并学习到它们之间的关系。

Transformer 架构自 2017 年提出以来，已成为自然语言处理领域的核心技术，对 ChatGPT 等聊天机器人的发展产生了深远影响。Transformer 以其强大的能力，高效地处理序列数据和捕捉长距离依赖关系，成了自然语言处理领域的革命性技术。

3.2.3　Transformer 架构概述

Transformer 模型的代码实现如下。

```python
class Transformer(nn.Module):
    def __init__(self, src_vocab_size, tgt_vocab_size, d_model, h, num_layers, d_ff, dropout=0.1):
        super(Transformer, self).__init__()
        self.src_embed = nn.Sequential(Embeddings(d_model, src_vocab_size), PositionalEncoding(d_model, dropout))
        self.tgt_embed = nn.Sequential(Embeddings(d_model, tgt_vocab_size), PositionalEncoding(d_model, dropout))
        self.encoder = Encoder(num_layers, d_model, h, d_ff, dropout)
        self.decoder = Decoder(num_layers, d_model, h, d_ff, dropout)
        self.generator = nn.Linear(d_model, tgt_vocab_size)
    def forward(self, src, tgt, src_mask, tgt_mask):
        src_embed = self.src_embed(src)
        tgt_embed = self.tgt_embed(tgt)
        memory = self.encoder(src_embed, src_mask)
        output = self.decoder(tgt_embed, memory, src_mask, tgt_mask)
        output = self.generator(output)
        return output
```

下面给出完整的 Transformer 模型代码实现，以便读者更好地理解其构建过程。

```
import math

import torch

import torch.nn as nn

import torch.nn.functional as F

class PositionalEncoding(nn.Module):

    # ...

class MultiHeadedAttention(nn.Module):

    # ...

def attention(query, key, value, mask=None, dropout=None):

    # ...

class PositionwiseFeedForward(nn.Module):

    # ...

class EncoderLayer(nn.Module):

    def __init__(self, d_model, h, d_ff, dropout=0.1):

        super(EncoderLayer, self).__init__()

        self.self_attn = MultiHeadedAttention(h, d_model,
dropout=dropout)

        self.feed_forward = PositionwiseFeedForward(d_model, d_ff,
dropout=dropout)

        self.sublayer = nn.ModuleList([SublayerConnection(d_model,
dropout=dropout) for _ in range(2)])

    def forward(self, x, mask=None):

        x = self.sublayer[0](x, lambda x: self.self_attn(x, x, x,
mask=mask))
```

```python
            return self.sublayer[1](x, self.feed_forward)
    class Encoder(nn.Module):
        def __init__(self, input_dim, d_model, h, d_ff, n_layers,
dropout=0.1):
            super(Encoder, self).__init__()
            self.d_model = d_model
            self.embed = nn.Embedding(input_dim, d_model)
            self.pe = PositionalEncoding(d_model, dropout=dropout)
            self.layers = nn.ModuleList([EncoderLayer(d_model, h, d_ff,
dropout=dropout) for _ in range(n_layers)])
            self.norm = LayerNorm(d_model)
        def forward(self, src, src_mask=None):
            x = self.embed(src)
            x = self.pe(x)
            for layer in self.layers:
                x = layer(x, mask=src_mask)
            return self.norm(x)
    class LayerNorm(nn.Module):
        # ...
    class SublayerConnection(nn.Module):
        def __init__(self, size, dropout):
            super(SublayerConnection, self).__init__()
            self.norm = LayerNorm(size)
            self.dropout = nn.Dropout(dropout)
```

```
        def forward(self, x, sublayer):

    return x + self.dropout(sublayer(self.norm(x)))

  class Transformer(nn.Module):

    def __init__(self, input_dim, d_model, h, d_ff, n_layers,
dropout=0.1):

      super(Transformer, self).__init__()

      self.encoder = Encoder(input_dim, d_model, h, d_ff, n_layers,
dropout=dropout)

      self.output_layer = nn.Linear(d_model, input_dim)

    def forward(self, src, src_mask=None):

      encoding = self.encoder(src, src_mask=src_mask)

      return self.output_layer(encoding)
```

3.3 自注意力机制：理解信息间的关联

自注意力机制（self-attention）是 Transformer 的核心组件，它使模型能够关注输入文本中各个部分之间的关系。

3.3.1 自注意力机制的工作原理

自注意力机制的工作原理如下。

第一，将输入序列的每个词嵌入分别转换为查询（query）、键（key）和值（value）向量。

第二，计算查询与键的点积，以衡量输入序列中每个单词与其他单词之间的相关性。这些相关性分数经过 softmax 层，使得它们的和为 1。

第三，将相关性分数与值向量相乘，得到加权值向量。之后，将加权值向量求和，得到一个表示当前单词上下文信息的新向量。

在计算自注意力时，模型会使用多头自注意力（multi-head attention）机制，将多个自注意力分布结合起来，以捕捉更丰富的上下文信息。

注意力机制在网络中实现的图形表示如图 3-1 所示。

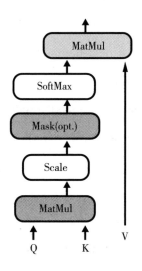

图 3-1　注意力机制在网络中实现的图形表示

自注意力机制允许模型在不同位置之间建立直接联系，从而更好地捕捉输入序列中的长期依赖关系。它将输入的三个张量 Q，K 和 V 映射到注意力权重，然后使用注意力权重对输入进行加权求和，得到输出。

自注意力机制的代码实现如下。

```
import torch
import torch.nn as nn
class MultiHeadAttention(nn.Module):
    def __init__(self, num_heads, d_model):
```

```
        super().__init__()
        self.num_heads = num_heads
        self.d_model = d_model

        self.q_linear = nn.Linear(d_model, d_model)
        self.k_linear = nn.Linear(d_model, d_model)
        self.v_linear = nn.Linear(d_model, d_model)
        self.dropout = nn.Dropout(p=0.1)
        self.out = nn.Linear(d_model, d_model)
    def forward(self, q, k, v, mask=None):
        batch_size = q.size(0)

        # Linear transformation
        q = self.q_linear(q).view(batch_size, -1, self.num_heads, self.
d_model // self.num_heads).transpose(1,2)
        k = self.k_linear(k).view(batch_size, -1, self.num_heads, self.
d_model // self.num_heads).transpose(1,2)
        v = self.v_linear(v).view(batch_size, -1, self.num_heads, self.
d_model // self.num_heads).transpose(1,2)
        # Scaled Dot-Product Attention
        scores = torch.matmul(q, k.transpose(-2, -1)) / torch.sqrt(torch.
tensor(self.d_model // self.num_heads).float())
        if mask is not None:
            mask = mask.unsqueeze(1)
```

```
        scores = scores.masked_fill(mask == 0, −1e9)

        scores = nn.functional.softmax(scores, dim=−1)

        scores = self.dropout(scores)

        output = torch.matmul(scores, v)

        # Concatenate attention heads and perform linear transformation
        output = output.transpose(1,2).contiguous().view(batch_size,
−1, self.d_model)

        output = self.out(output)

        return output
```

3.3.2 多头注意力机制

多头注意力机制是在自注意力机制的基础上进行扩展的，它允许模型在不同的表示子空间中执行自注意力机制。每个头都学习了不同的表示空间，从而使模型能够更好地捕捉不同种类的依赖性。

多头注意力机制的代码实现如下。

```
class MultiHeadedAttention(nn.Module):
  def __init__(self, h, d_model, dropout=0.1):
    super(MultiHeadedAttention, self).__init__()
    assert d_model % h == 0
    # We assume d_v always equals d
python
Copy code
    self.d_k = d_model // h
```

```python
        self.h = h
        self.linears = nn.ModuleList([nn.Linear(d_model, d_model) for
_ in range(4)])
        self.attn = None
        self.dropout = nn.Dropout(p=dropout)


    def forward(self, query, key, value, mask=None):
        if mask is not None:
            mask = mask.unsqueeze(1)


        nbatches = query.size(0)


        # Linear transformation
        query, key, value = [l(x).view(nbatches, -1, self.h, self.d_
k).transpose(1,2) for l, x in zip(self.linears, (query, key, value))]


        # Scaled Dot-Product Attention
        scores = torch.matmul(query, key.transpose(-2, -1)) / torch.
sqrt(torch.tensor(self.d_k).float())
        if mask is not None:
            scores = scores.masked_fill(mask == 0, -1e9)
        p_attn = nn.functional.softmax(scores, dim=-1)
        p_attn = self.dropout(p_attn)
        self.attn = torch.matmul(p_attn, value)
```

```
# Concatenate attention heads and perform linear transformation
self.attn = self.attn.transpose(1,2).contiguous().view(nbatches,
-1, self.h * self.d_k)
return self.linears[-1](self.attn)
```

下面给出多头自注意力机制的代码实现，以便读者更好地理解其实现原理。

```
class MultiHeadedAttention(nn.Module):
    def __init__(self, h, d_model, dropout=0.1):
        super(MultiHeadedAttention, self).__init__()
        assert d_model % h == 0
        self.d_k = d_model // h
        self.h = h
        self.linears = nn.ModuleList([nn.Linear(d_model, d_model) for
_ in range(4)])
        self.dropout = nn.Dropout(p=dropout)
    def forward(self, query, key, value, mask=None):
        if mask is not None:
            mask = mask.unsqueeze(1)
        nbatches = query.size(0)
        # 1) Do all the linear projections in batch from d_model => h x
d_k
```

```
        query, key, value = [l(x).view(nbatches, −1, self.h, self.d_
k).transpose(1, 2)
                    for l, x in zip(self.linears, (query, key, value))]
        # 2) Apply attention on all the projected vectors in batch.
        x, attn = attention(query, key, value, mask=mask, dropout=self.
dropout)
        # 3) "Concat" using a view and apply a final linear.
        x = x.transpose(1, 2).contiguous().view(nbatches, −1, self.h *
self.d_k)
        return self.linears[−1](x)
```

上述代码实现了一个多头自注意力机制的类，它接受三个输入，分别是查询、键和值，并可选地接受一个掩码（mask）。这个类使用了四个线性层来对输入进行投影，并将投影后的结果分成多个头。然后对每个头分别计算注意力分布，并将结果进行拼接，最后再通过一个线性层进行变换。

下面给出 attention 函数的代码实现，它是多头自注意力机制的核心部分。

```
    def attention(query, key, value, mask=None, dropout=None):
        d_k = query.size(−1)
        scores = torch.matmul(query, key.transpose(−2, −1)) / math.
sqrt(d_k)
        if mask is not None:
            scores = scores.masked_fill(mask == 0, −1e9)
```

```
p_attn = F.softmax(scores, dim=-1)
if dropout is not None:
    p_attn = dropout(p_attn)
return torch.matmul(p_attn, value), p_attn
```

这个函数接受四个输入，分别是查询、键、值和掩码，并计算注意力分布。注意力分布的计算过程如下：首先计算得分矩阵，然后对得分矩阵进行 softmax 操作，得到注意力分布。注意力分布可以看作一个权重向量，它表示了每个值对于当前查询的重要性。最后，将注意力分布与值进行加权平均，得到最终的输出结果。

3.4 编码与解码：文本信息的表示与生成

3.4.1 编码器

编码器是 Transformer 的核心部分，由多个相同的层堆叠而成。每个层都由两个子层连接结构组成，其中第一个子层是一个多头自注意力机制，第二个子层是一个前馈全连接层。每个子层都使用残差连接和规范化层。编码器的任务是将输入序列中的信息编码成一个高质量的隐藏表示。

编码器的代码实现如下。

```
class EncoderLayer(nn.Module):
    def __init__(self, d_model, h, d_ff, dropout=0.1):
        super(EncoderLayer, self).__init__()
        self.self_attn = MultiHeadedAttention(h, d_model)
```

```
        self.feed_forward = PositionwiseFeedForward(d_model, d_ff,
dropout)
        self.sublayer = nn.ModuleList([SublayerConnection(d_model,
dropout) for _ in range(2

    python

    Copy code

    def forward(self, x, mask):
        x = self.sublayer[0](x, lambda x: self.self_attn(x, x, x, mask))
        x = self.sublayer[1](x, self.feed_forward)
        return x
    class Encoder(nn.Module):
        def __init__(self, num_layers, d_model, h, d_ff, dropout=0.1):
            super(Encoder, self).__init__()
            self.layers = nn.ModuleList([EncoderLayer(d_model, h, d_ff,
dropout) for _ in range(num_layers)])
            self.norm = LayerNorm(d_model)
        def forward(self, x, mask):

                for layer in self.layers:
        x = layer(x, mask)
        return self.norm(x)
```

编码器层的构成图如图 3-2 所示。

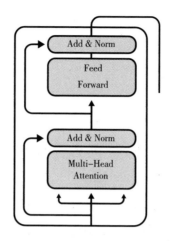

图 3-2　编码器层的构成图

编码器的结构如图 3-3 所示。

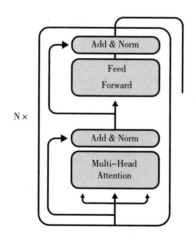

图 3-3　编码器的结构图

3.4.2　解码器

解码器也由多个相同的层堆叠而成，每个层由三个子层连接组成，第一个子层是一个多头自注意力机制；第二个子层是一个多头注意力机制，用来对编码器输出的隐藏表示进行注意力加权；第三个子层是一个前馈全连接层。同样地，每个子层都使用残差连接和规范化层。

解码器的代码实现如下。

```python
class DecoderLayer(nn.Module):
    def __init__(self, d_model, h, d_ff, dropout=0.1):
        super(DecoderLayer, self).__init__()
        self.self_attn = MultiHeadedAttention(h, d_model)
        self.src_attn = MultiHeadedAttention(h, d_model)
        self.feed_forward = PositionwiseFeedForward(d_model, d_ff, dropout)
        self.sublayer = nn.ModuleList([SublayerConnection(d_model, dropout) for _ in range(3)])
    def forward(self, x, memory, src_mask, tgt_mask):
        m = memory
        x = self.sublayer[0](x, lambda x: self.self_attn(x, x, x, tgt_mask))
        x = self.sublayer[1](x, lambda x: self.src_attn(x, m, m, src_mask))
        x = self.sublayer[2](x, self.feed_forward)
        return x
class Decoder(nn.Module):
    def __init__(self, num_layers, d_model, h, d_ff, dropout=0.1):
        super(Decoder, self).__init__()
```

```
        self.layers = nn.ModuleList([DecoderLayer(d_model, h, d_ff,
dropout) for _ in range(num_layers)])
        self.norm = LayerNorm(d_model)
    def forward(self, x, memory, src_mask, tgt_mask):
        for layer in self.layers:
            x = layer(x, memory, src_mask, tgt_mask)
        return self.norm(x)
```

3.4.3　位置编码

位置编码是 Transformer 另一个重要的组成部分，用来为输入序列中的每个位置提供一些信息，使得模型能够更好地捕捉序列中的顺序信息。在 Transformer 中，位置编码是一个可学习的矩阵，它的维度与输入的词向量维度相同，每行对应着输入序列中一个位置的编码。

位置编码的代码实现如下。

```
    class PositionalEncoding(nn.Module):
    def __init__( self.dropout = nn.Dropout(p=dropout)
        pe = torch.zeros(max_len, d_model)
        position = torch.arange(0, max_len, dtype=torch.float).
unsqueeze(1)
        div_term = torch.exp(torch.arange(0, d_model, 2).float() *
(-math.log(10000.0) / d_model))
        pe[:, 0::2] = torch.sin(position * div_term)
        pe[:, 1::2] = torch.cos(position * div_term)
```

```
        pe = pe.unsqueeze(0).transpose(0, 1)
        self.register_buffer('pe', pe)
    def forward(self, x):
    x = x + self.pe[:x.size(0), :]
    return self.dropout(x)
```

3.4.4　上下文编码和长距离依赖

在 Transformer 模型中，上下文编码和长距离依赖的处理是通过多头自注意力机制来实现的。下面分别介绍这两个方面的内容。

3.4.4.1　上下文编码

在自然语言处理任务中，上下文是指当前单词在文本中出现的上下文环境，它对于单词的含义和语义解释都至关重要。在传统的序列模型中，为了考虑上下文信息，常常采用 RNN 等模型，将上下文信息隐含在 RNN 网络的状态中。但是，由于 RNN 的信息传递是串行的，所以在处理长文本时，上下文编码可能会存在信息瓶颈的问题。

在 Transformer 模型中，上下文编码是通过多头自注意力机制来实现的。在编码器中，每个单词都会与句子中的所有其他单词进行比较，并且将其他单词的信息与当前单词的信息进行加权平均。这个加权平均的过程可以看作一种对上下文信息进行编码的方式，因为它允许当前单词的表示包含整个句子的信息。

多头自注意力机制将每个单词看作一个查询，然后将所有单词看作是一组键值对，并计算每个查询与所有键之间的注意力分布。这个注意力分布可以看作一个权重向量，表示了每个键对于当前查询的重要性。

最后将所有键和它们对应的权重向量进行加权平均，就可得到当前查询的表示。这个过程可以看作对上下文信息进行编码的过程。

3.4.4.2　长距离依赖

在自然语言处理中，长距离依赖指的是距离较远的单词之间的依赖关系。这种依赖关系可能涉及多个句子和多个文本段落，因此它往往需要模型具有较强的记忆能力。在传统的序列模型中，由于信息只能在相邻的位置传递，因此很难捕捉到长距离依赖的关系，从而导致模型性能下降。在 Transformer 模型中，长距离依赖的处理是通过多头自注意力机制来实现的。

多头自注意力机制能够在不同位置的单词之间建立长距离依赖关系，它能够让模型注意到文本序列中不同部分之间的关系。

多头自注意力机制的特殊之处在于，它在每个位置同时使用了多个注意力头，每个头都可以注意到不同的依赖关系。这样可以允许模型在处理长距离依赖关系时具有更强的表达能力。另外，由于每个头都是独立计算的，所以多头自注意力机制可以并行计算，提高了模型的计算效率。

在实现上下文编码和长距离依赖时，需要将多个编码器层堆叠起来，以形成一个深层的 Transformer 模型。每个编码器层由两个子层连接结构组成，分别是多头自注意力机制和前馈全连接层，这些子层连接结构共同处理上下文编码和长距离依赖的问题。

3.5　任务改写

任务改写是一种将用户输入转化为明确任务目标的方法，使得

ChatGPT 能够更好地理解用户的需求并生成相应的回复。任务改写通常涉及对输入进行语义和结构调整，以便让模型明确地知道用户期望的输出。本节将详细介绍任务改写的原理、方法和实践案例。

3.5.1　任务改写的原理

任务改写的核心原理是将用户输入转化为一个具体、可操作的任务指令，使得 ChatGPT 能够清晰地知道如何处理输入并生成相应的输出。这样的转化通常基于对输入的语义分析，以及对任务的结构和需求的理解。任务改写可以大幅提高模型生成结果的准确性和可靠性，同时减少因为模型理解错误而导致的不良输出。

3.5.2　任务改写的方法

任务改写主要有以下几种方法。

第一，问题重述：通过对用户输入进行重述，将其转化为一个更加明确和具体的问题。例如，用户输入："我想知道关于太阳的信息。"任务改写后的输入："请告诉我关于太阳的基本信息。"

第二，明确任务目标：对于模糊或隐含的任务目标，可以通过在输入中明确指出任务目标来帮助模型理解。例如，用户输入："如何煮意大利面？"任务改写后的输入："请提供煮意大利面的步骤。"

第三，添加约束条件：在某些情况下，为了获得满足特定需求的输出，可以在输入中添加约束条件。例如，用户输入："给我一首诗。"任务改写后的输入："给我一首关于春天的古诗。"

第四，细化问题：将复杂的问题拆分为若干个更简单的子问题，使得模型能够逐步解决问题并最终得出答案。例如，用户输入："我想学编程。"任务改写后的输入："请推荐一些编程入门的书籍和在线资源。"

第五，指定输出格式：为了获得特定格式的输出，可以在输入中指定输出格式。例如，用户输入："介绍一下苹果公司。"任务改写后的输入："请用五句话简要介绍苹果公司。"

3.5.3　任务改写的实践案例

下面通过几个实践案例，来展示任务改写是如何提高 ChatGPT 生成结果的准确性和可靠性的。

案例 1：用户输入："我想学习 Python。"

原始输入可能会导致模型生成与 Python 学习相关的一般性建议，但可能不够具体。通过任务改写，可以更明确地告诉模型用户的需求。

任务改写后的输入："请推荐适合初学者的 Python 学习资源和学习路径。"

这样，模型将生成更具体的 Python 学习资源和学习路径建议，帮助用户更有效地开始学习 Python。

案例 2：用户输入："告诉我最近的电影。"

为了获得更具体的信息，可以通过任务改写来指定输出格式和关注点。

任务改写后的输入："请列出最近上映的五部热门电影，并提供简要剧情介绍。"

在这个例子中，模型将生成包含五部热门电影及其简要剧情介绍的列表，使得用户能够快速了解最近的电影动态。

案例 3：用户输入："解释量子力学。"

量子力学是一个复杂且涉及多个方面的主题。为了让模型生成更有针对性的回答，可以将问题细化。

任务改写后的输入："请简要介绍量子力学的基本原理和主要应用领域。"

这样，模型将生成关于量子力学基本原理和主要应用领域的介绍，帮助用户更容易地理解这一复杂主题。

由以上案例可知，任务改写在提高模型生成结果的准确性和可靠性方面发挥了重要作用。对输入进行语义和结构调整，可以更好地引导模型生成满足用户需求的输出，从而提高用户满意度。

综上所述，任务改写是一种强大的方法，它可以帮助 ChatGPT 更好地理解用户需求并生成满足用户期望的输出。通过对输入进行语义和结构调整，任务改写可以大幅提高模型生成结果的准确性和可靠性。在实际应用中，对任务改写方法的深入研究和优化将为提高 ChatGPT 的性能和用户体验带来巨大价值。

第4章

优化ChatGPT的性能与应用
适应性：训练与微调

训练与预训练策略
数据集的选择
训练方式的选择
模型初始化
模型正则化
模型训练技巧

模型生成与控制
GPT-4生成方法
生成策略
控制生成内容和风格
生成结果评估

微调策略
微调的基本原理
微调的优势
微调应注意的问题
微调的策略选择

4.1　训练与预训练策略

训练和预训练是构建 ChatGPT 模型的两个主要阶段。训练阶段使用一个大规模的数据集来训练模型，从而使模型能够学习到语言的特征和规律；预训练阶段使用一个大规模的文本语料库来预训练模型，从而使模型能够学习到更加通用的语言表示。

下面介绍一些常用的训练和预训练策略，包括数据集的选择、训练方式的选择、模型的初始化以及模型的正则化等。

4.1.1　数据集的选择

数据集的选择是训练和预训练过程中非常关键的一步。一个好的数据集应该具有以下特点。

一是大规模性：数据集应该包含足够多的文本数据，以确保模型能够学习到足够多的语言特征和规律。

二是多样性：数据集应该包含不同类型和不同领域的文本数据，以确保模型能够学习到不同类型的语言模式和规律。

三是质量高：数据集中的文本数据应该是经过筛选和处理的，以确保数据质量和准确性。

四是平衡性：数据集中的文本数据应该是平衡的，不应该存在过多的某个类型或领域的文本数据，以避免对模型的训练产生偏差。

目前，常用的 ChatGPT 数据集包括 Wikipedia、BookCorpus、Common Crawl 等。这些数据集具有大规模性、多样性和质量高的特点，并且已经成为 ChatGPT 模型训练的标准数据集。

4.1.2　训练方式的选择

在训练 ChatGPT 模型时，有两种常用的训练方式：基于批量的训练和基于流式的训练。

一是基于批量的训练：是指将数据集分成多个批次，每次使用一个批次的数据来更新模型的参数。这种训练方式具有高效和稳定的特点，并且可以使用现有的计算资源来加速模型的训练。

二是基于流式的训练：是指使用数据流来训练模型，每次将一个样本输入模型并更新模型的参数。这种训练方式具有灵活和实时的特点，并且可以适应不同类型的文本数据。但是，由于其需要处理大量的数据流，并且需要更多的计算资源，因此对硬件设备的要求较高。

在实际应用中，通常会结合使用这两种训练方式，以达到更好的训练效果和性能。

4.1.3 模型初始化

模型初始化是指初始化模型的权重和偏置参数。一个好的模型初始化方法可以加速模型的训练和提高模型的性能。常用的模型初始化方法包括随机初始化、预训练初始化和迁移学习初始化等。

一是随机初始化：是指将模型的权重和偏置参数随机初始化，这是一种最基本的模型初始化方法。虽然随机初始化可以加速模型的训练，但由于其参数随机性，可能会导致模型的收敛速度较慢，并且可能会陷入局部最优解。

二是预训练初始化：是指在预训练阶段使用一个大规模的语料库来初始化模型的权重和偏置参数。这种方法可以加速模型的收敛速度，并且可以提高模型的性能。

三是迁移学习初始化：是指使用已经训练好的模型来初始化新的模型的权重和偏置参数。这种方法可以将已有模型的知识迁移到新的模型中，从而加速新模型的训练并提高性能。

在实际应用中，通常会结合使用这些模型初始化方法，以达到更好的训练效果和性能。

4.1.4 模型正则化

模型正则化是指在训练过程中采取一些措施来避免模型过拟合或欠拟合。常用的模型正则化方法包括 L_1 正则化、L_2 正则化、dropout 正则化等。

L_1 正则化是指在损失函数中添加 L_1 范数的惩罚项，以鼓励模型产生更加稀疏的特征表示。L_2 正则化是指在损失函数中添加 L_2 范数的惩罚项，以鼓励模型产生更加平滑的特征表示。这两种方法可以防止模型过拟合，

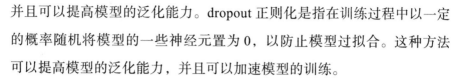

并且可以提高模型的泛化能力。dropout 正则化是指在训练过程中以一定的概率随机将模型的一些神经元置为 0，以防止模型过拟合。这种方法可以提高模型的泛化能力，并且可以加速模型的训练。

在实际应用中，通常会结合使用这些模型正则化方法，以达到更好的训练效果和性能。

4.1.5　模型训练技巧

除了上述训练和预训练策略外，还有一些常用的模型训练技巧可以进一步提高模型的性能和应用适应性，包括学习率调整、批量规范化、梯度裁剪等。

一是学习率调整：是指在模型训练过程中逐步降低学习率，以提高模型的收敛速度和泛化能力。常用的学习率调整方法包括学习率衰减、学习率预热等。

二是批量规范化：是指在模型训练过程中对每个批次的数据进行规范化，以防止模型过拟合和梯度消失等问题。批量规范化可以加速模型的收敛速度和提高模型的性能。

三是梯度裁剪：是指在模型训练过程中限制梯度的范围，以防止梯度爆炸和梯度消失等问题。

在实际应用中，通常会结合使用这些模型训练技巧，以达到更好的训练效果和性能。

4.2　模型生成与控制

本节将深入探讨如何优化 ChatGPT 的生成能力和控制性。下面首先介绍 GPT-4 的生成方法，然后讨论如何使用生成策略以及如何控制生成文本的内容和风格。

4.2.1　GPT-4 生成方法

GPT-4 作为一种先进的自然语言处理模型，基于 Transformer 架构的自回归生成方法，使其具有强大的文本生成能力。在 GPT-4 的生成过程中，模型会逐步生成文本序列，每次生成一个单元后，将该单元添加到已有的文本序列中，并继续处理。这样的生成方式有利于模型充分捕捉文本的上下文信息，从而生成更准确、连贯的文本内容。下面对这种生成方法的几个关键方面进行深入探讨。

首先，GPT-4 利用大规模的预训练数据进行训练。预训练数据通常来自互联网文本，涵盖多个领域和类型的知识。通过大量的预训练数据，GPT-4 能够学习到丰富的语言模式和知识，从而在生成过程中表现出较高的准确性和连贯性。

其次，GPT-4 在生成过程中关注到上下文信息的捕捉。通过采用自回归生成方法，GPT-4 能够在生成文本时考虑到前面已生成的单元，从而确保生成内容与上下文保持一致。这种方法不仅有助于生成连贯的文本，还可以提高生成内容的准确性和可靠性。

最后，GPT-4 的生成能力还受益于其底层的 Transformer 架构。Transformer 架构采用自注意力机制（self-attention mechanism），使得模型能够在处理长序列时更加高效。相较于传统的 RNN 和 LSTM 等结构，Transformer 可以并行计算并捕捉长距离依赖关系，从而在生成过程中实现更高的准确性和连贯性。

然而，GPT-4 的生成方法也面临着一定的挑战。例如，在处理极长文本时，模型可能会遇到内存和计算资源的限制。为了解决这一问题，研究人员提出了许多优化技术，如混合精度训练、梯度累积等。这些优化方法有助于降低 GPT-4 在生成过程中的计算复杂度，提高其在实际应用中的性能。

此外，GPT-4 生成方法在保持生成质量的同时，也需要关注多样性和可控性。为了实现这一目标，研究人员采用了多种生成策略，如贪婪搜索、集束搜索、抽样等。这些策略可以在不同程度上提高生成文本的多样性，同时保持一定程度的可控性。在实际应用中，这些生成策略可以根据任务需求进行灵活调整，以实现生成内容的多样性和可控性的平衡。

GPT-4 的生成方法还需要关注生成内容的安全性和可解释性。安全性主要指生成内容不包含不当、有害或误导性的信息，以保护用户和平台的利益。为了实现这一目标，研究人员可以在模型训练阶段引入合适的约束条件或者在生成阶段进行内容筛选和修正。同时，为了提高生成内容的可解释性，可以尝试采用一些可解释性技术，如注意力可视化、特征重要性分析等，帮助用户理解生成内容的来源和依据。

值得注意的是，GPT-4 在生成过程中可能会面临潜在的偏见问题。由于预训练数据来源于互联网文本，可能包含一些潜在的偏见和刻板印象。为了减轻这些问题对生成内容的影响，研究人员可以在数据预处理阶段对训练数据进行筛选和清洗，以消除潜在的偏见；同时，在模型训练过程中，可以采用一些去偏见技术，如平衡样本权重、对抗性训练等，以减轻模型学到的偏见。

GPT-4 的生成方法在应用于特定任务或领域时，可能需要进行模型的微调。微调是一种在原始预训练模型基础上，使用特定任务或领域的数据对模型进行进一步训练的方法。通过微调，模型可以更好地适应特定任务的需求，提高在该任务上的生成性能。例如，当 GPT-4 应用于医学领域时，可以通过使用医学文本进行微调，提高生成内容的专业性和准确性。

总之，GPT-4 基于 Transformer 架构的自回归生成方法赋予了其强大的文本生成能力。通过充分利用大规模预训练数据、关注上下文信息捕捉、采用 Transformer 架构等技术，GPT-4 可以生成更准确、连贯的文本内容。然而，在实际应用中，需要注意解决一些挑战，如内存和计算资源限制、生成内容的多样性、可控性、安全性、可解释性等。通过采用相应的优化技术、生成策略和微调方法，GPT-4 在实际应用中将具有更高的性能和广泛的适应性。

4.2.2　生成策略

在 GPT-4 模型中，生成策略是影响模型生成质量和效果的关键因素。合适的生成策略可以在保持文本准确性和连贯性的同时，实现多样性和可控性。下面对 GPT-4 的生成策略进行详细的介绍和讨论，包括贪婪搜索、集束搜索、抽样等方法，并分析各种策略在实际应用中的优势与局限。

第一，贪婪搜索。贪婪搜索是一种简单直接的生成策略，它在每个生成步骤中选择概率最高的单元作为输出。这种方法往往能得到相对准确和连贯的生成结果，但其生成内容的多样性较差，容易出现重复或过于平凡的结果。贪婪搜索在实际应用中通常作为一种基准策略，用于评估其他生成策略的效果。

第二，集束搜索。集束搜索是一种启发式搜索策略，目的是在生成过程中保留多个候选序列，从而提高生成结果的多样性。集束搜索需要设置一个集束宽度参数，用于控制候选序列的数量。较小的集束宽度会导致较低的多样性，而较大的集束宽度会增加计算复杂度和生成时间。集束搜索在实际应用中较为常见，因为它可以在保持一定准确性和连贯性的同时，提供较好的多样性。

第三，抽样。抽样是一种基于概率分布的生成策略，它在每个生成步骤中根据模型输出的概率分布随机抽取一个单元作为输出。抽样可以产生高度多样化的生成结果，但其准确性和连贯性可能较低。为了平衡多样性和生成质量，可以引入温度参数来调整概率分布的形状。较高的温度会导致更多样的生成结果，而较低的温度会使生成结果更接近贪婪搜索。抽样在实际应用中可以用于生成富有创意和新颖性的文本。

第四，生成策略的融合。在实际应用中，可以根据任务需求和性能要求，将不同的生成策略进行组合和融合。例如，在初步生成阶段可以采用集束搜索保证生成结果的准确性和连贯性，然后在后处理阶段对生成结果进行抽样，以增加多样性和创意。此外，还可以通过动态调整集束宽度和温度参数，实现在不同生成阶段的策略切换，从而平衡生成质量和多样性。

第五，控制生成内容和风格。在某些应用场景中，可能需要对生成文本的内容和风格进行精细控制。为实现这一目标，可以采用以下方法：首先，可以通过调整输入文本中的提示信息（如关键词、话题标签等），引导模型生成特定主题或方向的内容。其次，可以在训练过程中引入特定的约束或惩罚项，使模型更偏向于生成符合要求的文本。例如，可以采用最大互信息（MMI）方法或强化学习技术，优化生成结果的可读性、相关性和多样性。最后，可以对生成结果进行后处理，如删除或替换不符合要求的部分，以满足特定应用场景的需求。

第六，生成结果评估。为了衡量生成策略在实际应用中的效果，需要采用合适的评估指标和方法。常见的生成结果评估指标包括困惑度（perplexity）、BLEU、ROUGE等，这些指标可以衡量生成文本的准确性、连贯性和相似性。然而，这些指标可能无法充分反映生成内容的多样性、创意和可读性等方面的特点。因此，在实际应用中，可以结合人工评估和基于深度学习的自动评估方法，全面评估生成策略的优势和局限。

综上所述，GPT-4的生成策略是影响模型生成效果的关键因素。通过选择合适的生成策略，可以在保持生成质量的同时，实现多样性、可控性和广泛的适应性。在实际应用中，需要根据任务需求和性能要求，灵活调整生成策略，以实现最佳的生成效果。同时，通过评估方法的不断完善和优化，可以更好地指导生成策略的选择和改进，推动GPT-4模型在自然语言处理领域的广泛应用和发展。

4.2.3 控制生成内容和风格

在许多自然语言处理应用中，需要对生成内容和风格进行精细控制，以满足特定任务和场景的需求。本节将重点探讨如何在GPT-4模型中实现对生成内容和风格的控制，包括输入提示的设置、条件生成、风格迁移等方法，以及在实际应用中的优势与挑战。

4.2.3.1 输入提示的设置

在GPT-4中，可以通过调整输入文本中的提示信息（如关键词、话题标签等），引导模型生成特定主题或方向的内容。合适的提示信息可以帮助模型更好地理解任务需求，并根据上下文信息生成相应的文本。在实际应用中，需要根据任务特点和用户需求，设计合适的输入提示，以实现对生成内容的有效控制。例如，输入"请撰写一篇关于环境保护的演讲稿"，会得到如图4-1所示的内容。

LI　**请撰写一篇关于环境保护的演讲稿**

　尊敬的领导、亲爱的老师、同学们：

大家好！今天，我非常荣幸站在这里，与大家一起探讨一个非常重要的话题——环境保护。地球是我们共同的家园，我们每一个人都有责任去呵护它，保护我们的环境。

首先，我想谈谈环境保护的重要性。在过去的几十年里，随着科技的发展和人口的增长，我们的环境正遭受着前所未有的压力。空气污染、水污染、土壤污染、噪声污染、生物多样性的丧失……这些问题已经对我们的生活产生了极大的影响。环境恶化不仅影响着我们的健康，还影响着经济的可持续发展。因此，环境保护已经成为全球性的重大课题，迫切需要我们采取措施来解决。

接下来，我想分享一些关于环境保护的实践方法。

首先，我们要提高环保意识。每一个人都要意识到保护环境的重要性，并且积极地传播环保知识，让更多的人加入到环保行动中来。

其次，我们要养成环保的生活习惯。从日常生活的点滴做起，节约用水、节约用电、减少塑料制品的使用、垃圾分类、绿色出行等。我们要学会尊重自然，珍惜资源，让绿色生活成为我们的生活方式。

再次，我们要积极参与环保活动。我们可以参加公益性的环保活动，如植树造林、河道清洁、保护野生动植物等。这些活动不仅能增进我们对环保的认识，还能帮助我们树立正确的环保观念。

此外，我们还需要加强环保教育。学校、家庭和社会要共同努力，将环保教育纳入日常教育体系中，让孩子们从小树立环保意识，养成绿色生活习惯。

最后，政府、企业和社会各界也要承担起环保责任。政府要制定严格的环保法规，加大对环境污染的惩罚力度；企业要履行社会责任，采用环保技术和生产方式，减少排放；

图 4-1　ChatGPT 撰写的关于环境保护的演讲稿

字数达到限制后会停止输出，这时候需要输入"继续"，以保证文章的继续生成，如图 4-2 所示。

 继续

社会各界要共同关注环境问题，积极参与环保行动，形成全民参与的环保大局。

在此，我想呼吁大家，让我们共同努力，为我们美丽的地球献出自己的一份力量。让我们践行绿色生活，关爱自然，保护环境，为子孙后代留下一个美好的家园。

首先，我们需要关注气候变化。全球气候变化是一个亟待解决的问题，它关系到地球的未来和人类的生存。我们要关注气候变化的影响，积极参与减缓气候变化的行动，如提高能源利用效率、发展可再生能源、减少温室气体排放等。

其次，我们要保护生物多样性。生物多样性是地球生命系统的基石，对于维护生态平衡、保障人类生存发展具有重要意义。我们要关注生物多样性的丧失，积极参与保护野生动植物和珍稀物种的行动，努力维护生物多样性。

再者，我们要关注海洋保护。海洋是地球上最大的生态系统，对于气候调节、资源提供、生态平衡具有重要作用。我们要关注海洋污染、过度捕捞等问题，积极参与海洋保护行动，为海洋生态系统的可持续发展作出贡献。

此外，我们要关注城市环境问题。随着城市化进程的加速，城市环境问题越来越严重。我们要关注城市空气质量、水资源状况、绿化覆盖等问题，积极参与城市环境改善和绿色城市建设，提高城市生态环境质量。

最后，我想再次强调，环境保护需要我们每个人的参与和努力。我们要时刻保持环保意识，践行绿色生活，共同为保护地球家园、构建美好未来而努力。

让我们携手共进，为我们共同的家园——地球，贡献出我们的力量。只有这样，我们才能留下一个绿色、美丽、和谐的家园，让我们的子孙后代继续享有这个世界上最珍贵的资源。

谢谢大家!

图 4-2　"继续"后出现的内容

4.2.3.2　条件生成

条件生成是一种基于条件概率的生成方法，它允许在给定某些条件下生成特定内容或风格的文本。在 GPT-4 中，可以通过在输入文本中添加条件信息（如风格标签、主题词等），实现对生成内容的约束。此外，还可以在训练过程中引入条件变量，使模型在不同条件下学习到不同的文本生成模式。条件生成在实际应用中具有广泛的适应性，可以用于生成不同主题、风格和情感的文本。

下面简要介绍下这些条件变量。

第一，主题（topic）：主题是生成文本的核心内容。通过设定不同的主题词或短语，可以引导模型生成不同主题的文本。例如，可以设定主题为"环保""科技"或"心理健康"等。

第二，风格（style）：风格指的是文本的写作风格，可以根据不同的场景和需求调整。例如，可以设定风格为正式、非正式、幽默、严肃、文艺等。这可以通过在输入提示中明确要求某种风格，或者提供具有特定风格的例子，引导模型生成相应风格的文本。

第三，情感（sentiment）：情感是文本中所表达的情绪。可以调整生成文本的情感倾向，如积极（positive）、消极（negative）或中立（neutral）。在输入提示中指定特定情感，或者提供具有特定情感倾向的例子，可以帮助模型生成相应情感的文本。

第四，文本类型（text type）：文本类型是指文本所属的体裁，如新闻报道、散文、小说、诗歌等。设定不同的文本类型，可以让模型生成符合特定类型要求的文本。

第五，角色（role）：在生成对话或者故事性的文本时，可以设定不同的角色，以便模型在生成文本时能够模拟不同角色之间的互动。

第六，语言（language）：模型可以处理多种语言。通过设定不同的语言变量，可以让模型生成不同语言的文本。

下面仍以环境保护的演讲稿为例，当用户对输入"请撰写一篇关于环境保护的演讲稿"所出的结果并不满意时，可以增加一些条件变量，如改为输入"请撰写一篇关于环境保护的演讲稿，要求语言幽默，字数上200字即可"，如图4-3所示。

请撰写一篇关于环境保护的演讲稿，要求语言幽默，字数上200字即可

尊敬的各位朋友，大家好！

今天，我站在这里，想跟大家聊聊一个看似严肃，但其实也可以轻松面对的话题——环境保护。这可是地球上所有生物的"刻不容缓"问题，嘿嘿。

首先，我要告诉大家一个秘密：地球是我们的"家园"，它的健康与否关系到我们的生存。我们要爱护它，就像宠爱自己的那个喜欢的人。想象一下，如果有一天，我们的家园变成了一座巨大的垃圾场，这可比那些可怕的鬼故事还让人毛骨悚然呢！

所以，我们得行动起来。我们可以从小事做起，比如随手关灯、节约用水，还有做个绿色低碳的环保达人，就像那些绿色植物一样，为地球增添一丝清新的味道。

最后，让我们一起为环保"献出一点爱"，就像一首歌里唱的："献出一点爱，地球会更美好。"让我们共同守护这个蓝色星球，让未来的我们依然能够呼吸到新鲜的空气，生活在一个绿水青山的美丽家园里。

谢谢大家！让我们用幽默与行动，为环保事业添一抹亮色吧！

图 4-3　ChatGPT 撰写的关于环境保护的风格幽默的演讲稿

4.2.3.3　风格迁移

风格迁移是一种将文本从一种风格转换为另一种风格的方法，如将正式文本转换为口语文本，或将消极情感文本转换为积极情感文本。在 GPT-4 中，可以通过风格迁移方法，实现对生成内容风格的控制。具体而言，可以采用对抗生成网络（GAN）、循环神经网络（RNN）或变分自编码器（VAE）等深度学习模型，学习不同风格文本之间的映射关系，

从而实现风格迁移。风格迁移在实际应用中具有较高的价值，可以用于文本风格标准化、情感调整等任务。

4.2.3.4 生成内容约束与优化

为实现对生成内容的精细控制，可以在训练过程中引入特定的约束或惩罚项。例如，可以采用最大互信息（MMI）方法，优化生成结果的相关性和多样性；或通过强化学习技术，使模型在生成过程中学习到满足特定目标的策略。这些方法可以使模型在生成过程中更偏向于生成符合要求的文本，从而实现对生成内容的有效控制。同时，还可以结合知识图谱、信息检索等技术，为生成过程提供更丰富的背景知识和语境信息，提高生成内容的准确性和可靠性。

4.2.3.5 后处理与优化

在生成结果完成后，可以通过后处理技术对生成内容进行优化和调整。例如，可以使用基于规则的方法，对生成文本进行语法检查和纠错，提高文本的可读性；或使用深度学习模型，对生成结果进行情感分析、实体识别等处理，确保生成内容符合特定需求。此外，还可以结合人工智能与人工审核的方法，对生成结果进行筛选、调整和优化，以满足不同应用场景的需求。

4.2.3.6 生成内容可视化与解释

为了帮助用户更好地理解和控制生成过程，可以采用可视化和解释性技术，呈现模型在生成过程中的关键决策和依赖关系。例如，可以通过可视化自注意力权重，展示模型在生成过程中对上下文信息的关注程度；或使用基于梯度的解释方法，分析模型对输入提示和条件信息的响应程度。这些方法有助于提高模型的透明度和可信度，为生成内容的控制提供有效支持。

4.2.3.7 生成风格多样性

在某些应用场景中，可能需要生成具有多样性的文本，以满足不同用户和任务的需求。为实现这一目标，可以在生成策略中引入随机性和探索性，如通过调整集束搜索中的集束宽度，或在抽样过程中调整温度参数。同时，还可以采用强化学习或元学习等技术，使模型能够自适应地调整生成策略，以实现更高的多样性和创意。

总之，控制生成内容和风格是 GPT-4 在实际应用中的关键挑战。采用上述方法可以在保持生成质量的同时，实现对生成内容和风格的精细控制。在实际应用中，需要根据任务需求和性能要求，灵活调整控制策略，以实现最佳的生成效果。同时，应该与其他自然语言处理技术进行结合，以进一步拓展 GPT-4 模型在文本生成领域的应用范围和价值。

4.2.4 生成结果评估

评估生成结果质量对于 GPT-4 模型的优化和应用至关重要。全面、准确地评估生成结果，包括自动评估指标、人工评估以及在线实验等。

第一，自动评估指标。自动评估指标可以快速地对生成文本进行评估，常见的自动评估指标包括 BLEU、ROUGE、METEOR 等。这些指标主要关注生成文本与参考文本之间的相似度。虽然这些指标有助于评估生成文本的质量，但可能无法全面反映生成文本的准确性、连贯性和可读性等方面。

第二，人工评估。人工评估是一种更为准确的评估方法。可以邀请专业人士或目标用户对生成文本进行评估，以获取更为准确的质量反馈。在人工评估过程中，评估者可以考虑生成文本的准确性、连贯性、可读性、创新性等方面。此外，人工评估可以根据具体应用场景和需求进行定制，使评估结果更加贴近实际情况。

第三，在线实验。在线实验是一种在实际应用场景中评估生成结果的方法。在线实验（如 A/B 测试）可以收集用户对生成内容的反馈，从而更好地优化模型性能。在线实验可以帮助人们了解生成文本在实际场景中的表现，如用户满意度、用户互动和转化率等指标，从而不断调整模型参数，提高生成结果的质量和实用性。

总之，结合自动评估指标、人工评估和在线实验等多种评估方法，可以更全面、准确地评估 GPT-4 生成结果的质量。在评估过程中，可以根据不同应用场景和需求，选择合适的评估方法和指标，以保证生成文本能够满足实际需求。

本部分探讨了 GPT-4 生成方法，介绍了常见的生成策略，以及如何通过调整生成策略参数、设定生成任务、使用条件生成等方法控制生成文本的内容和风格，同时讨论了生成结果的评估方法，包括自动评估指标、人工评估和在线实验等。这些方法可以帮助人们优化 ChatGPT 的性能和应用适应性，为用户提供更优质的智能对话服务。

4.3 微调策略

微调（fine-tuning）是深度学习中一种常用的迁移学习策略，它允许使用预训练好的模型作为基础，在特定任务上进行进一步的训练。这种策略既可以节省大量的计算资源，又可以充分利用预训练模型的知识，提高模型在目标任务上的性能。本节将探讨如何使用微调策略来优化 ChatGPT 的性能和应用适应性。

4.3.1　微调的基本原理

微调作为一种迁移学习方法，它的核心思想是利用一个已经在大量数据上预训练过的模型，通过对模型参数进行较小幅度的更新，使其能够适应特定的任务。这种方法在深度学习领域被广泛应用，特别是在自然语言处理（NLP）任务中，如文本分类、情感分析、文本生成等。本节将详细介绍微调的基本原理、优势以及其在 ChatGPT 中的应用。

预训练模型在大规模数据集上进行训练，使其学会了丰富的语言知识和常识，包括词汇、语法、句子结构等。预训练模型具有较强的泛化能力，可以捕捉到输入数据中的潜在模式和规律。然而，预训练模型往往无法直接应用于特定任务，因为不同任务可能具有不同的输入输出格式和标签空间。因此，需要对预训练模型进行微调，以使其适应目标任务。

在微调过程中，首先要将预训练模型的参数作为初始参数，然后使用与目标任务相关的数据集进行训练。由于预训练模型已经具备了较好的语言知识，因此微调时通常只需要较少的数据和较低的学习率。在训练过程中，模型的参数会根据目标任务进行相应的调整，使其在目标任务上取得更好的性能。

4.3.2　微调的优势

微调的主要优势如下。

一是计算资源节省：由于预训练模型已经在大规模数据集上进行了训练，因此在微调过程中只需要较少的数据和计算资源。这大大减轻了训练任务的计算负担，使得模型训练更加高效。

二是更快的收敛速度：预训练模型作为微调的初始参数，可以使模型在训练过程中更快地收敛。这意味着微调过程所需的迭代次数较少，从而进一步节省了计算资源。

三是更好的性能：预训练模型已经学会了丰富的语言知识和常识，因此在微调过程中，模型可以更好地捕捉目标任务的特点。这使得经过微调的模型在目标任务上具有更好的性能。

四是更强的泛化能力：预训练模型在大规模数据集上进行训练，这使其具备了较强的泛化能力。通过微调，模型可以在特定任务上获得更好的性能，同时保持对其他相关任务的泛化能力。这使得微调后的模型在面对新任务或者未见过的数据时，依然能够取得较好的表现。

五是抗噪声能力：由于预训练模型已经学会了许多语言知识和常识，因此在微调过程中，模型对目标任务中的噪声数据具有较强的抗干扰能力。这意味着即使目标任务的训练数据中存在一定程度的噪声，微调后的模型仍然能够取得较好的性能。

六是适应多样化任务：微调策略使得预训练模型能够适应各种不同类型的任务。调整训练数据、损失函数以及其他超参数后，便可以将预训练模型应用于文本分类、文本生成、问答系统等多种任务。这大大提高了预训练模型的实用价值。

在 ChatGPT 中，微调策略起到了关键作用。微调可以将在大量数据上预训练过的模型应用于各种具体任务，如对话系统、情感分析、文本摘要等。

4.3.3 微调应注意的问题

微调过程中需要注意的问题如下。

4.3.3.1　选择合适的微调数据集

为了使模型在目标任务上取得良好的性能，需要选择与目标任务相关的数据集进行微调。这个数据集应该包含足够的样本，以便模型可以从中学习到目标任务的特点。同时，数据集的质量至关重要，因为模型的性能将受到数据集质量的直接影响。

4.3.3.2　微调的训练策略

设计有效的训练策略：在微调过程中，需要关注训练策略的设计，包括学习率、批量大小、训练轮数、优化器等超参数的设置。这些超参数的选择会对模型的最终性能产生很大影响。合理的训练策略可以使模型在训练过程中更快地收敛，从而提高模型的性能。

4.3.3.3　模型微调后的评估

为了确保微调后的模型在目标任务上具有良好的性能，需要对模型进行评估。这可能包括使用验证集进行交叉验证、计算模型在各项性能指标上的表现等。评估结果可以为人们提供关于模型性能的反馈，以便进行进一步的优化。

4.3.3.4　避免过拟合

过拟合是模型在训练过程中可能遇到的问题之一。在微调过程中，需要注意避免过拟合现象。过拟合意味着模型在训练数据上表现很好，但在新的数据上表现较差。为了防止过拟合，可以使用诸如早停（early stopping）、正则化（regularization）等技术来限制模型复杂度，从而提高模型的泛化能力。

4.3.4 微调的策略选择

通过关注以上几个方面，并结合前面所提到的微调优势和原理，就可以更好地将 ChatGPT 应用于各种具体任务。

4.3.4.1 适应不同的应用场景

在实际应用中，ChatGPT 可能需要适应各种不同的场景，如客户服务、文本摘要、情感分析等。为了在不同场景下取得良好的性能，还需要根据具体任务调整微调策略。例如，为了完成某些任务，可能需要设计特定的损失函数或采用特殊的训练技巧。

4.3.4.2 模型融合与集成

为了提高 ChatGPT 在实际应用中的稳定性和鲁棒性，可以考虑使用模型融合和集成技术。这些技术通常包括训练多个模型，并通过某种方式将它们的预测结果结合在一起。模型融合和集成可以减少模型的误差，提高其在新数据上的泛化能力。

4.3.4.3 微调与在线学习

在线学习是指模型能够在实际应用过程中不断地学习和更新。将在线学习应用到 ChatGPT 的微调过程中，可以使模型在不断地与用户互动的过程中逐渐适应用户的需求和习惯。实现在线学习的关键，在于设计一种能够在不影响用户体验的前提下实时更新模型权重的机制。

4.3.4.4 模型解释性与可解释性

为了使 ChatGPT 在实际应用中更具可靠性和可信度，需要关注模型的解释性与可解释性。这意味着在微调过程中不仅要关注模型的性能指标，还要关注模型的内部工作原理。通过提高模型的可解释性，用户可以更好地理解模型作出某些预测的原因，从而为优化模型提供更有针对性的指导。

4.3.4.5　持续优化与迭代

ChatGPT 的微调策略不应该是一次性的过程，需要持续地对模型进行优化和迭代。这可能包括更新训练数据、调整超参数、改进模型架构等。持续优化和迭代有助于确保 ChatGPT 始终保持在最佳状态，以满足不断变化的实际需求。

4.3.4.6　数据清洗与预处理

为了提高微调效果，需要对训练数据进行清洗和预处理。这包括去除重复数据、修正拼写错误、去除无关信息等。此外，还需要对数据进行适当的格式化，以便模型能够更好地理解和处理输入数据。

4.3.4.7　模型监控与维护

在模型部署后，需要监控其在实际应用中的性能。这包括收集用户反馈、监测模型输出质量等。根据监控结果，人们可以及时发现模型存在的问题，并对其进行优化和调整。

4.3.4.8　用户隐私与安全

在微调过程中，需要关注用户隐私和安全问题。为了保护用户隐私，需要确保训练数据不包含任何敏感信息，并且需要制定一套合规的数据收集、存储和使用策略，以降低潜在的安全风险。

4.3.4.9　可扩展性与模块化

为了使 ChatGPT 更易于适应不同任务和场景，需要考虑模型的可扩展性和模块化。这意味着在设计微调策略时，需要确保模型的组件可以方便地替换和扩展。通过采用模块化设计，人们可以更容易地将新功能和技术整合到现有模型中。

4.3.4.10 多语言与多领域适应性

ChatGPT 需要具备良好的多语言和多领域适应性，以满足全球用户的需求。在微调策略中，需要考虑如何使用多语言数据集进行训练，以及如何使模型适应不同领域的知识和任务。

此外，利用模型融合与集成技术可以进一步提高模型的稳定性和鲁棒性，而在线学习使模型能够在实际应用中不断学习和更新。关注模型的解释性与可解释性有助于提高模型在实际应用中的可靠性和可信度。

在实际应用过程中，要根据具体场景和任务需求来灵活调整这些策略，这样才能充分发挥 ChatGPT 的潜力，使其在各种任务和场景中都能取得优异的表现。

第5章

扩展ChatGPT功能的利器：
10款能让ChatGPT更完善的插件

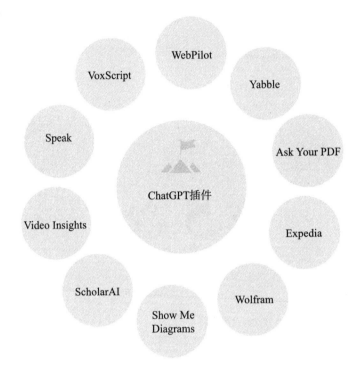

5.1   WebPilot

5.1.1   WebPilot 简介

WebPilot 插件是一种网页自动化测试工具，它允许 ChatGPT 访问和交互网页内容。这个工具可以用来在用户提供 URL 的情况下，访问特定的网页并从中提取信息。例如，用户如果想要从一篇新闻文章中获取特定的信息，或者想要了解一个特定网站的内容，WebPilot 插件就可以帮助 ChatGPT 访问这些网页，并根据用户的请求提取相关信息。

WebPilot 插件的功能如下。

第一，访问网页。WebPilot 可以访问用户提供的 URL，并从中提取内容。

第二，提取信息。根据用户的请求，WebPilot 可以从访问的网页中提取特定的信息。

第三，交互。在某些情况下，WebPilot 可能需要与网页进行交互，如填写表单或点击按钮，以获取所需的信息。

第四，重写和翻译。如果用户需要，WebPilot 还可以重写或翻译从网页提取的内容。

5.1.2　WebPilot 应用演示

第一步，打开 ChatGPT，选择 GPT-4，勾选 WebPilot 插件（图 5-1）。

图 5-1　勾选 WebPilot 插件

第二步，提供一个网址即可读取内容，如图 5-2 所示。

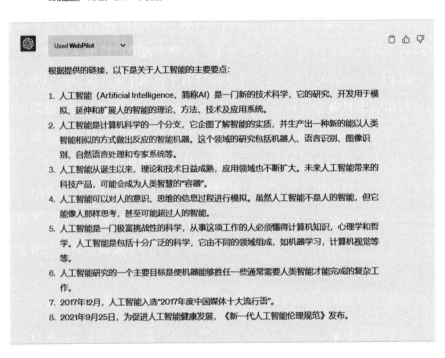

图 5-2   "WebPilot"关于人工智能的要点总结

图 5-2 提供的网址是"人工智能"的百度百科网址，可以看到 ChatGPT 调用"WebPilot"插件读取了网页的内容，进行了人工智能的要点总结。

第三步，如果觉得单纯地提供要点还是不够清楚，文本不直观，那么可以继续进行插件的组合使用，比如将"WebPilot"和"Show Me"组合，让 ChatGPT 直接将要点画成思维导图。

先同时选中两个插件（图 5-3）。

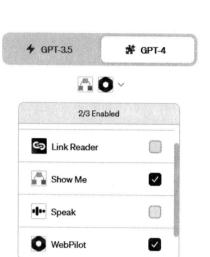

图 5-3　选中两个插件

然后继续沿用上述问题（图 5-4）。

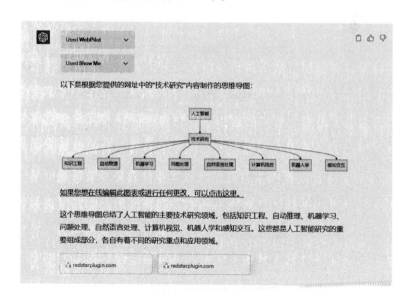

图 5-4　得到的思维导图

由图 5-3 和图 5-4 可知，ChatGPT 先调用"WebPilot"插件读取了

"人工智能"百度百科的内容，最后进行了要点总结，然后调用"Show Me"画出了思维导图。

当然，这个思维导图的准确性取决于要点总结的准确性，如果觉得不够准确，还可以点击链接，自行进行思维导图的修改。

5.2 Yabble

5.2.1 Yabble 简介

Yabble 是一个 AI 助手，可以帮助用户创建调查、受众和收集数据。

5.2.2 Yabble 插件应用演示

Yabble 插件的应用步骤如下：

第一步，在 GPT-4 界面插件选项中勾选这个插件（图 5-5）。

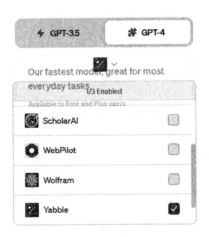

图 5-5　勾选 Yabble 插件

第二步，在输入框中输入想要的信息"现在我想调查一下华为手机的使用情况，调查人群是 20 ～ 50 岁的人，请设计一个调查表"。得到如图 5-6 所示的回复。

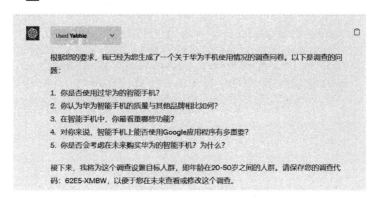

图 5-6　调查问卷

第三步，根据提示依次输入"继续"，它会给出最终的调查结果（图 5-7 ～图 5-9）。

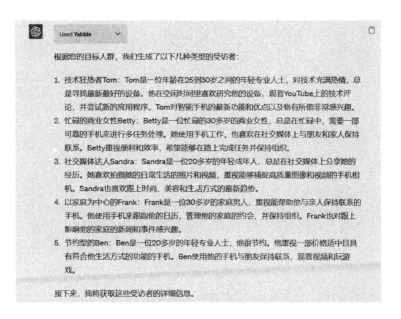

图 5-7　受访者分析

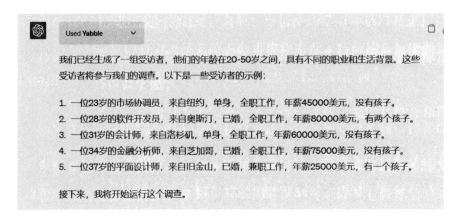

图 5-8　职业和生活背景分析

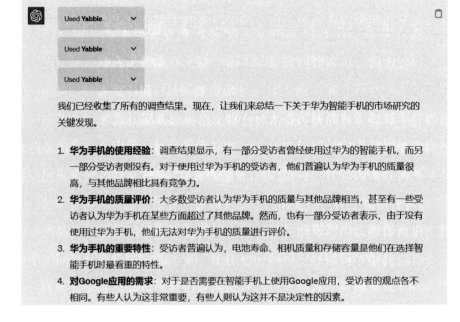

图 5-9　市场调查结果

5.3　Ask Your PDF

5.3.1　Ask Your PDF 简介

这个插件的作用比较大，可以下载、保存以及搜索用户的 PDF 文档，从而找到问题的答案或者检索有关的信息。用户提供一个 PDF 链接，插件能将这个文件下载并保存至向量数据库中，便于用户搜索文档。

以下是这个插件的主要功能：

一是 PDF 文档。用户可以提供一个 PDF 链接，插件会将这个 PDF 文件下载并保存到向量数据库中。

二是搜索 PDF 文档。PDF 文档被下载和保存后，用户就可以对这个文档进行搜索查询。

三是提供相关信息。除了提供答案，插件还会提供答案在文档中的位置，如页码。这个插件对于处理大量文档、寻找特定信息非常有用，特别是对于那些需要从多个源中获取信息的复杂问题。

5.3.2　Ask Your PDF 插件应用演示

Ask Your PDF 插件的应用步骤如下：

第一步，在 GPT-4 界面插件选项中勾选这个插件（图 5-10）。

第二步，在聊天界面输入"我要上传 PDF 文件"，GPT 便会告诉用户上传步骤，里面包含上传 PDF 文件的链接（图 5-11）。

GPT-3.5
GPT-4
1/3 Enabled
AskYourPDF
ChatWithPDF
ChatWithWebsite
ScholarAI

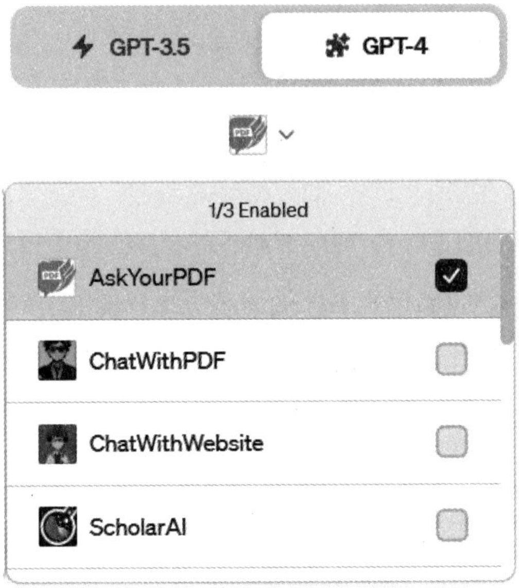

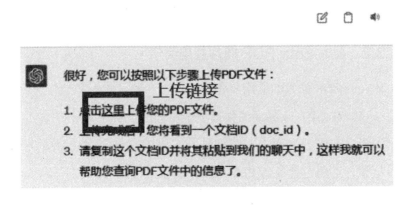

图 5-10　勾选 Ask Your PDF 插件

我要上传pdf文件
很好，您可以按照以下步骤上传PDF文件：
上传链接
1. 点击这里上传您的PDF文件。
2. 上传完成后，您将看到一个文档ID（doc_id）。
3. 请复制这个文档ID并将其粘贴到我们的聊天中，这样我就可以帮助您查询PDF文件中的信息了。

图 5-11　给出上传链接

第三步，点击之后，跳出如图 5-12 所示界面，点击“Upload

Document Here"，上传 PDF 文件。

图 5-12　上传页面

第四步，上传成功后，跳出如图 5-13 所示链接，复制链接。

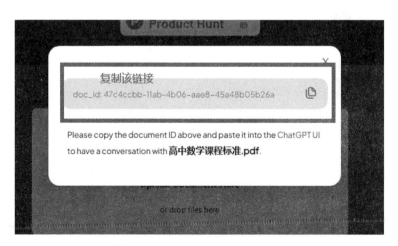

图 5-13　复制链接

第五步，将链接粘贴到 GPT 的对话窗口中，GPT 会提示用户已将 PDF 文件上传成功，然后便可以提问关于这个 PDF 文件的任何问题了（图 5-14）。

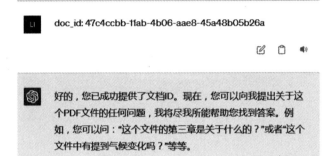

图 5-14　得到 ID

第六步，对话框中输入"这个文件的第三章是关于什么的？"，便可以得到它的回答了（图 5-15）。

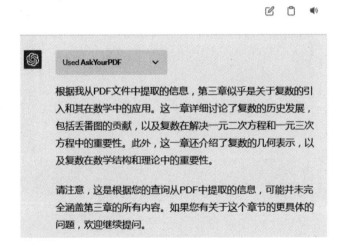

图 5-15　对 PDF 的分析

5.4　Expedia

5.4.1　Expedia 简介

Expedia 插件方便用户在浏览器上进行旅行规划和预订，为用户提供了便捷的功能和特性，用户能够更轻松地搜索、比较和预订机票、酒店等旅行服务。

5.4.2　Expedia 插件应用演示

可以称之为 GPT 版旅游小助手。主要作用就是查找／推荐旅游相关的信息，有旅游计划的用户可以了解一下。

第一步，在 GPT–4 界面插件选项中勾选这个插件（图 5–16）。

图 5–16　勾选 Expedia 插件

第二步，在聊天界面输入相关信息（图 5-17），Expedia 就可以推荐下一次度假旅行的目的地、酒店、交通和活动。

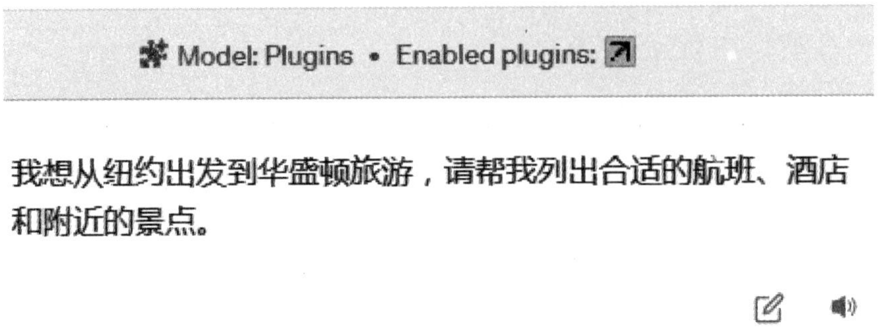

Model: Plugins · Enabled plugins: ↗

我想从纽约出发到华盛顿旅游，请帮我列出合适的航班、酒店和附近的景点。

图 5-17　提问

第三步，此时，插件的强大搜索功能正在启用（图 5-18）。

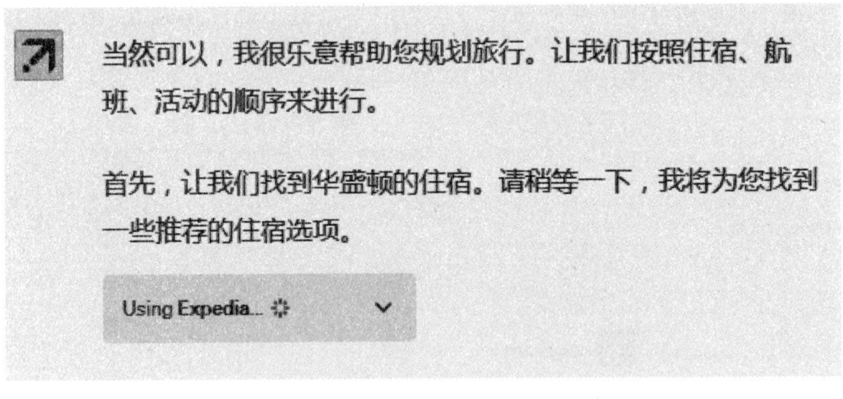

↗ 当然可以，我很乐意帮助您规划旅行。让我们按照住宿、航班、活动的顺序来进行。

首先，让我们找到华盛顿的住宿。请稍等一下，我将为您找到一些推荐的住宿选项。

Using Expedia... ⚙ ⌄

图 5-18　调用中

第四步，下面将会自动按照询问的顺序，直接解答用户的问题。例如：住宿推荐信息会列举出三个酒店，包含具体的位置、酒店附近的景点、酒店的住宿条件等。如果用户觉得不够详细，可以继续点击黑色下画线，跳转网页了解具体信息（图 5-19）。

我为您找到了三个华盛顿的住宿推荐，以下是详细信息：

1. 华盛顿希尔顿酒店 (Washington Hilton)
   - 位于西北区，步行7分钟即可到达杜邦圈站，16分钟即可到达伍德利公园-动物园站。
   - 酒店设有4个餐厅、2个酒吧/休息室和一个健身中心。公共区域提供免费WiFi。
   - 平均每晚价格：294.00美元

2. citizenM华盛顿DC Capitol酒店
   - 位于西南区，步行15分钟即可到达国家航空和太空博物馆和国家广场。距离L'Enfant Plaza站仅3分钟步行路程，距离联邦中心站6分钟步行路程。
   - 酒店设有一个餐厅、一个健身中心和一个酒吧/休息室。公共区域提供免费WiFi。
   - 平均每晚价格：149.32美元

3. citizenM华盛顿DC NOMA酒店
   - 位于东北区，步行15分钟即可到达史密森学会和联合站购物中心。距离Gallaudet U站仅4分钟步行路程，距离H St & 3rd St NE站13分钟步行路程。
   - 酒店设有一个餐厅、一个健身中心和一个酒吧/休息室。公共区域提供免费WiFi。
   - 平均每晚价格：132.32美元
   - 入住日期：2023-06-29，退房日期：2023-07-02
   - 星级：4.0，客户评分：8.8 / 10.0接下来，让我们找到从纽约华盛顿的航班。请稍等一下，我将为您找到一些推荐的航班选项。

图 5-19　得到的回答

第五步，继续等待会自动生成具体的航班信息、票价以及具体的行程信息（图 5-20）。同样可以点击下画线，跳转网页获取更为详细的信息。

103

我为您找到了三个从纽约到华盛顿的航班推荐，以下是详细信息：

1. **美国航空公司航班1988**
   - 从拉瓜迪亚机场 (LGA) 出发，到达华盛顿国家机场 (DCA)
   - 无需转机，飞行时间：1小时21分钟
   - 每张机票价格：83.90美元
2. **美国航空公司航班2115**
   - 从拉瓜迪亚机场 (LGA) 出发，到达华盛顿国家机场 (DCA)
   - 无需转机，飞行时间：1小时18分钟
   - 每张机票价格：83.90美元
3. **美国航空公司航班1496**
   - 从拉瓜迪亚机场 (LGA) 出发，到达华盛顿国家机场 (DCA)
   - 无需转机，飞行时间：1小时17分钟
   - 每张机票价格：83.90美元

图 5-20　给出的详细信息

第六步，随后，ChatGPT 会继续列举活动景点，供用户参考和选择。

5.5　Wolfram

5.5.1　Wolfram 简介

这个插件可谓"大名鼎鼎"，是一个十分强大的计算工具，能够访问 Wolfram Alpha 与 Wolfram Cloud 的动态计算以及策划数据。面对各种复杂的数学与科学问题，Wolfram 插件能进行巧妙处理，包括但不仅限于数学计算、单位转换以及公式求解等，还可以回答用户提出的有关化学、物理、历史、天文等领域的问题。

5.5.2 Wolfram 插件的应用演示

这个插件可以让您访问 WtrtaAlpha 和 Wolfam Cloud 的动态计算和精选数据。WolframAlpha 是一个知识引擎，能理解自然语言查询，进行数学计算，进行日期和单位转换、公式求解等。Wotrtam Cloud 则可以执行复杂的计算，数据分析、绘图、数据导入和信息检索。这个插件可以帮助您解决复杂的科学、数学和工程问题。

第一步，首先选定这个插件，如图 5-21 所示。

图 5-21 勾选 Wolfram 插件

第二步，输入需要解决的问题，如图 5-22 所示。

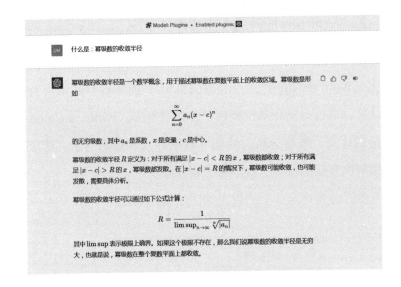

图 5-22　得到公式等相关内容

第三步，根据内容描述绘制图形，如图 5-23 所示。

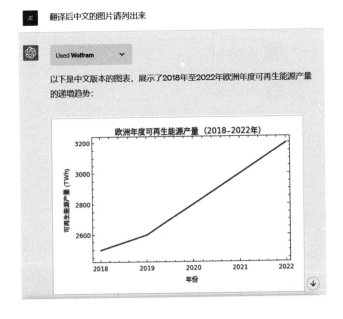

图 5-23　根据内容描述绘制图形

5.6　Show Me Diagrams

5.6.1　Show Me Diagrams 简介

这是一个可视化工具，Show Me Diagrams 插件可以帮助用户理解复杂的概念或过程。

5.6.2　Show Me Diagrams 插件应用演示

Show Me Diagrams 插件的应用步骤如下：

第一步，首先在 GPT-4 界面插件选项中勾选这个插件（图 5–24）。

图 5–24　勾选 Ohow Me Diagrams 插件

第二步，用户在聊天界面输入想要得到的图表的文字描述。例如，输入"绘制《西游记》中师徒四人的关系图"，它便会生成如图 5–25 所示的关系图。

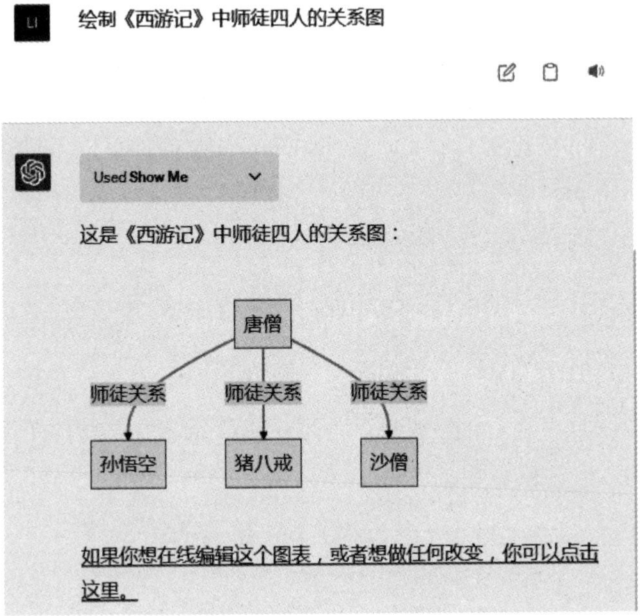

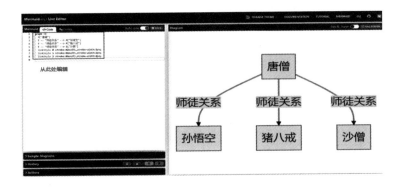

图 5-25　《西游记》关系图

第三步，如果你想对生成的图表进行编辑，可按照提示操作。点击后，得到如图 5-26 所示界面，在该界面可进行编辑工作。

图 5-26　可编辑页面

5.7　ScholarAI

5.7.1　ScholarAI 简介

ScholarAI 插件是一个比较强大的科学文献检索工具，可以访问开放获取的科学文献，尤其是 *Springer Nature* 中的期刊文献。其主要功能如下：

一是搜索摘要。这个功能可以通过主题和短语搜索来找到相关的论文摘要。用户可以提供一个主题（这个主题应该出现在文章标题中）以及一些短语（这些短语应该在文章的正文中）。这个功能可以帮助用户找到与特定主题相关的文献。

二是获取全文。用户找到有用的摘要后，就可以使用这个功能通过 DOI（文档对象标识符）来获取论文的全文。这个功能可以让用户深入阅读和理解论文的内容。

5.7.2　ScholarAI 插件应用演示

这个插件可以视为一个学术性插件，可以从学术角度提供一些专业知识的普及。

第一步，首先在 GPT-4 界面插件选项中勾选这个插件（图 5-27）。

图 5-27　勾选 ScholarAI 插件

第二步，在 ChatGPT 的聊天界面输入关键词检索学术论文（图 5-28）。

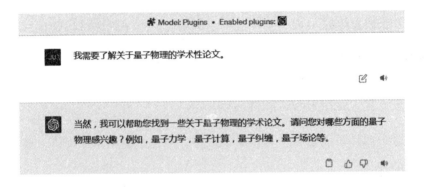

图 5-28　检索学术论文

第三步，由于量子物理种类较为宽泛，所以 ChatGPT 会询问其中的种类，直接回复即可（ChatGPT 在搜索的过程中可能会出现错误，这时仅需要耐心等待其重新搜索即可）。最后显示出 5 篇学术性论文，如果需要查阅其相关详细信息，点击下画线或者在聊天界面直接回复 ChatGPT 即可（图 5-29）。

Used ScholarAI　　　∨

对不起，我在尝试获取相关信息时遇到了一些问题。让我再试一次。

Used ScholarAI　　　∨

这里有一些关于量子力学的学术论文：

1. **Space-Time Approach to Non-Relativistic Quantum Mechanics** - Richard Phillips Feynman (1948)
   - 这篇论文以一种不同的方式阐述了非相对论量子力学。它证明了波函数满足薛定谔方程，并讨论了与矩阵和算子代数的关系。被引用次数：3492次。
2. **Quantum Mechanics of One- and Two-Electron Atoms** - Hans A. Bethe, Edwin E. Salpeter (1957)
   - 这本书主要基于物理学百科全书的一篇文章，讨论了一、二电子原子的量子力学。被引用次数：3246次。
3. **Angular Momentum in Quantum Mechanics** - A R Edmonds (1957)
   - 这篇论文提供了对量子力学中最基本量之一——角动量的简洁介绍。被引用次数：1757次。
4. **Angular Momentum in Quantum Mechanics** - A. R. Edmonds, H. Mendlowitz (1958)
   - 这篇论文从角动量的量子化、自旋角动量和轨道角动量入手，讨论了量子力学中的角动量。被引用次数：1547次。
5. **Quantum mechanics of many-electron systems** (1929)
   - 这篇论文讨论了多电子系统的量子力学。被引用次数：1314次。

如果您需要再详细的信息，我可以为您提供这些论文的全文。

图 5-29　检索到的相关论文

5.8 Video Insights

5.8.1 Video Insights 简介

Video Insights 插件是一个强大的工具，它可以从各种视频提供商（如 You Tube 或 Daily Motion）获取视频的转录、元数据和其他信息。例如，它可以提供视频的标题、描述、时长、上传日期、观看次数、喜欢和不喜欢的数量等信息。

5.8.2 Video Insights 插件应用演示

Video Insights 插件的应用步骤如下：

第一步，在 GPT-4 界面插件选项中勾选这个插件（图 5-30）。

图 5-30　勾选 Video Insights 插件

第二步，在对话框中输入视频链接（目前只支持 YouTube 的视频），

GPT 便会分析出这个视频的相关信息（图 5-31）。如果看不懂英文，可直接在对话框中输入"翻译成中文"（图 5-32），便会得到中文介绍。

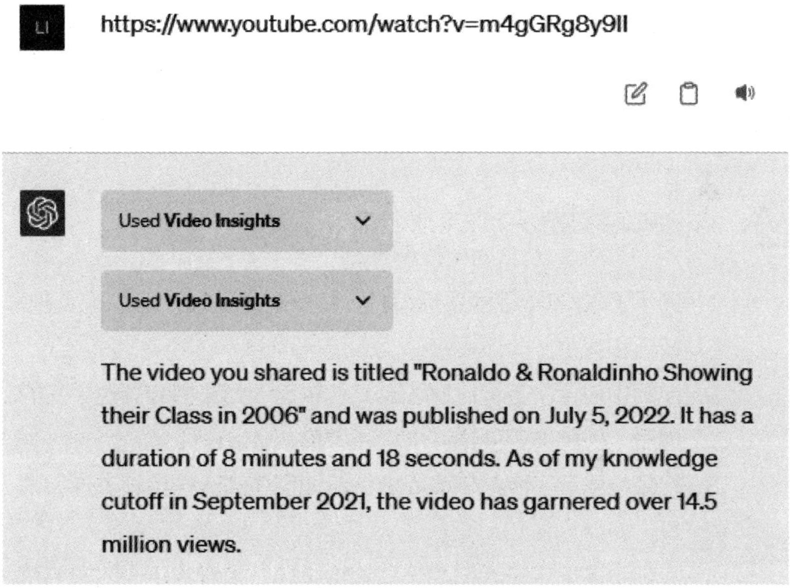

图 5-31　出现的英文界面

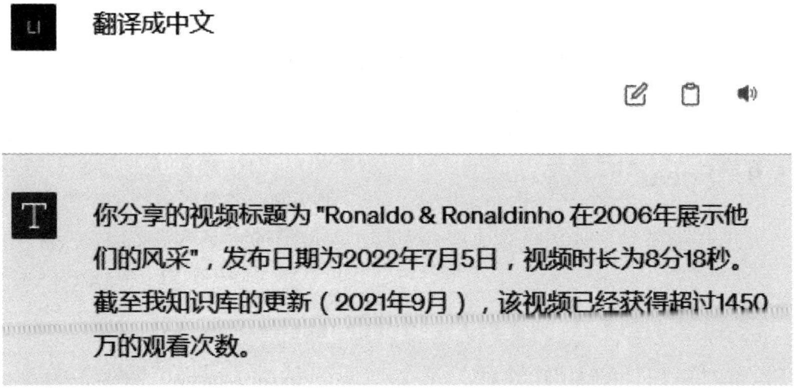

图 5-32　翻译后的中文界面

第三步，在对话框中继续输入自己的需求，如"总结这个视频的要点，做成一个项目列表"（图 5–33），GPT 便会对视频要点进行提炼。

 总结这个视频的要点，做成一个项目列表

这个视频主要展示了以下几个要点：

1. 展示了2006年巴西足球传奇人物罗纳尔多和罗纳尔迪尼奥的技巧和亮点。
2. 视频中包含了各种比赛和瞬间的评论，频繁提到其他著名的球员，如阿德里亚诺、卡福和罗伯托·卡洛斯。
3. 视频中展示了罗纳尔多和罗纳尔迪尼奥的一些精彩进球和助攻。
4. 视频中还展示了他们的一些独特技巧，如罗纳尔迪尼奥的直传和罗纳尔多的射门。
5. 视频中还展示了他们在比赛中的一些重要瞬间，如罗纳尔多的越位和罗纳尔迪尼奥的自杀性击打。

图 5–33　分析视频后得到的要点

5.9　Speak

5.9.1　Speak 简介

Speak 是一种 AI 语言导师，通过口语对话的方式学习外语。

114

5.9.2　Speak 应用演示

第一步，打开 ChatGPT，选择 GPT-4，勾选 Speak 插件，如图 5-34 所示。

图 5-34　勾选 Speak 插件

第二步，该插件支持多种语言，用户开始进行提问，得到的回复如图 5-35 所示。

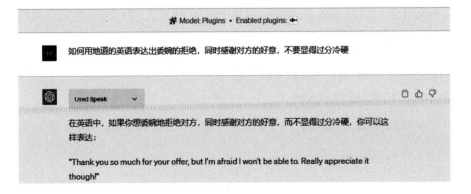

这里还有一些其他的表达方式：

1. "I appreciate the offer, but I'll have to pass. Thank you anyway!"（礼貌且随和）
2. "That's very kind of you, but I'm afraid I can't make it. Thanks though!"（非正式且感激）
3. "Thanks for thinking of me, but I won't be able to. Maybe next time!"（随和且乐观）

有时候拒绝别人的邀请需要用到委婉的表达方式，这里介绍的表达方式非常适用于不想让对方失望，又想以礼貌的方式拒绝别人的情况。

例如，在午休时间，一位同事邀请你去附近的一家高档餐厅吃饭，但你已经有其他的计划了：

Alice: "Hey, I heard it's your birthday today! I'd love to treat you to lunch at that Italian restaurant nearby."
（嗨，我听说今天是你的生日！我想请你在附近的那家意大利餐厅吃午饭。）

Bob: "Wow, that's so kind of you, Alice. But I actually already have plans for lunch. Really appreciate the offer though!"
（哇，你真是太好了，Alice。但是我其实已经有了午餐的计划。不过我真的很感谢你的邀请！）

Alice: "No problem at all, Bob. Maybe next time then. Happy birthday again!"
（没问题，Bob。那就下次吧。再次祝你生日快乐！）

Bob: "Thanks, Alice. See you later!"
（谢谢，Alice。待会见！）

图 5-35　得到的回复

在学习语言的过程中，很多书面的表达很难在日常生活中进行实际应用，因为书面的表达太生硬了，而语言文化的障碍让人们很少能体会到说话的口吻是不是合适。

这里选用的例子就是"如何用地道的英语表达出委婉的拒绝，同时感谢对方的好意，不要显得过分冷硬"，ChatGPT 调用"Speak"插件给出了很多表达方式，并注释了话中所代表的口吻，最后还提供了一个场景，便于用户能更好地理解。

不只是英语，"Speak"还支持多种语言的学习，如得到法语回复（图 5-36）。

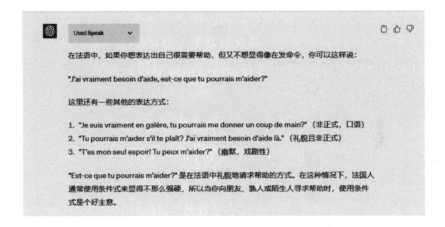

图 5-36　得到的法语回复

5.10　VoxScript

5.10.1　VoxScript 简介

VoxScript 插件提供了一系列的功能，包括获取股票或加密货币的基本信息、获取特定股票的新闻、获取 YouTube 视频的数据、搜索 YouTube 视频等。

5.10.2　VoxScript 插件的应用演示

可以启用 Youtube 脚本和 Google 搜索。

第一步，首先在 GPT-4 界面插件选项中勾选这个插件（图 5-37）。

图 5-37　勾选 VoxScript 插件

第二步，然后在 ChatGPT 的聊天界面输入关键词检索（图 5-38）。

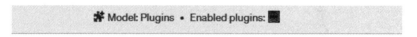

从可靠来源搜索特斯拉公司的最新财务报告

Used VoxScript

特斯拉公司的最新财务报告（截至2020年3月31日）主要数据如下：

• 总资产：372.5亿美元

• 流动资产：148.93亿美元

• 非流动资产：223.57亿美元

• 股东权益：91.73亿美元

• 总负债：265.18亿美元

- 流动负债：119.86亿美元
- 非流动负债：145.32亿美元
- 营业收入：260.22亿美元
- 营业利润：7.36亿美元
- 净利润：-1.44亿美元
- 每股收益：-1美元
- 每股账面价值：50美元
- 每股自由现金流：5美元
- 市值：1483.91亿美元
- 企业价值：15425.44亿美元

这些数据提供了特斯拉公司的财务状况和运营效率的概览。请注意，这些数据可能已经过时，因为它们是在2020年3月31日报告的，而现在已经是2023年。如果需要最新的财务数据，建议直接访问特斯拉公司的官方网站或者金融新闻网站获取。

图 5-38　得到的特斯拉财务报告

第三步，当然，也可以启用 YouTube 脚本进行检索（图 5-39）。

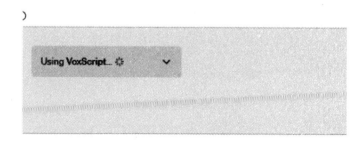

图 5-39　调用搜索中

第四步，接下来会得到相关的视频和视频详情，为了方便用户检索和阅读，可以直接点击下画线跳转网页进行浏览（图5-40）。

图5-40　得到的回复

第 6 章

ChatGPT的双重能力：
自然语言生成与理解

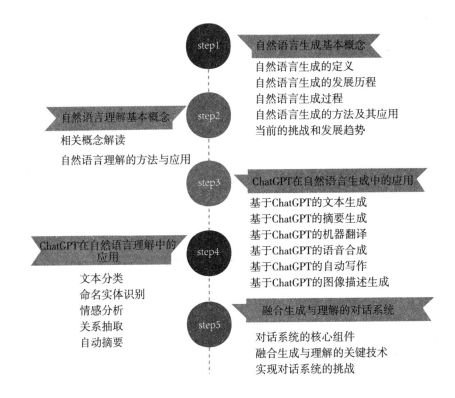

6.1　自然语言生成基本概念

自然语言生成（natural language generation, NLG）是自然语言处理（natural language processing, NLP）领域的一个重要子领域，其主要目标是实现计算机从非语言数据中生成自然语言文本。NLG技术在人工智能和计算语言学领域具有重要的研究价值和广泛的应用前景。

自然语言生成可以被看作是自然语言处理的反向过程，它涉及将非语言形式的信息转换为自然语言形式。与自然语言理解相反，自然语言生成需要将计算机生成的信息转化为自然语言文本，以便人类用户理解和使用。这种技术可以帮助人们更方便、更快速地获取信息，提高人机交互的效率和便利性。

6.1.1　自然语言生成的定义

自然语言生成可以定义为计算机从非语言数据（如数据库、知识图谱等）中生成自然语言文本的过程。

6.1.2　自然语言生成的发展历程

对自然语言生成的研究可以追溯到 20 世纪 60 年代，当时人们主要关注基于规则的生成方法，如乔姆斯基（Chomsky）的生成语法理论。随着研究的深入，自然语言生成技术逐渐发展成为一个独立的研究领域，目前已涵盖基于模板、基于规则、基于实例和基于统计的生成方法。

21 世纪初，随着机器学习和深度学习技术的兴起，自然语言生成研究进入了一个新的阶段。研究者开始使用神经网络模型进行自然语言生成，如循环神经网络（RNN）、长短时记忆网络（LSTM）和门控循环单元（GRU）等。在这个阶段，生成过程不再依赖于人工设定的规则或模板，而是由模型从大量文本数据中自动学习生成规律。

近年来，预训练语言模型（pretrained language model, PLM）如BERT、GPT 和 T5 等成为自然语言生成的主流方法。这些模型在大规模文本数据上进行无监督预训练，学习到了丰富的语言知识，从而在多种生成任务上取得了显著的性能提升。

6.1.3　自然语言生成过程

自然语言生成过程通常包括三个主要阶段：内容确定（content determination）、文 本 规 划（text planning）和 表 面 生 成（surface realization）。

一是内容确定：在这个阶段，生成系统需要从输入的非语言数据中筛选出需要表达的信息。这涉及对输入数据进行分析、抽象和组织，以形成一个结构化的信息表示，如知识图谱、事件表示等。

二是文本规划：在这个阶段，生成系统需要将内容确定阶段得到的结构化信息转换为一个逻辑上连贯的文本结构。这包括确定句子的顺序、组织段落以及确保文本的内部连贯性。文本规划通常涉及多种语言结构和修辞手段的组合，如主题－评论结构、因果关系、时间顺序等。

三是表面生成：在这个阶段，生成系统需要将文本规划阶段得到的文本结构转换为自然语言表达。这包括词汇选择、语法结构生成、句子连接等。表面生成过程通常需要考虑多种语言现象，如同义词选择、词形变化、指代消解等。

6.1.4　自然语言生成的方法及其应用

自然语言生成的实现可以采用各种方法和技术，包括规则驱动、基于模板的方法、统计机器学习、深度学习等。下面分别介绍这些方法及其应用。

6.1.4.1　规则驱动方法

规则驱动方法是一种传统的自然语言生成方法，它基于预先设计的语法规则和语义知识库，通过一系列规则进行语言生成。该方法的优点是可以控制语言生成的过程和结果，但其缺点是需要手动编写和维护大量规则，难以处理语言的复杂性和灵活性。

6.1.4.2　基于模板的方法

基于模板的方法是一种简单的自然语言生成方法，它通过定义模板和填充数据来实现语言生成。模板可以是固定的文本，也可以包含可变的部分。该方法的优点是易于实现和调试，但其缺点是模板的创新性和灵活性受限。

6.1.4.3　统计机器学习方法

统计机器学习方法是一种利用大量语言数据进行训练和生成的方法，生成模型通常需要训练数据和预训练模型来实现。在自然语言生成领域，预训练语言模型已经成为一种有效的方法。常见的预训练语言模型包括BERT、GPT、ELMO 等，它们都使用了 Transformer 网络结构。预训练语言模型可以使用大规模的文本数据进行训练，从而提高了模型的性能和泛化能力。在生成模型训练的过程中，也需要一定的技巧和策略来避免过拟合和提高模型的效果。

在实际应用中，自然语言生成模型可以应用于各种场景和任务，如机器翻译、文本摘要、问答系统、对话生成等。其中，对话生成是一个广泛应用自然语言生成的场景。基于自然语言生成的对话系统可以与人类进行自然交互，具有广泛的应用前景和商业价值。

6.1.5　当前的挑战和发展趋势

尽管自然语言生成技术在过去几十年中取得了显著的进展，但仍面临着一些挑战和发展趋势。

第一，生成质量：生成文本的质量一直是自然语言生成领域关注的核心问题。提高生成质量需要考虑文本的语法正确性、语义准确性、连贯性和可读性等多个方面。当前，预训练语言模型在生成质量方面取得了较大的提升，但仍有进一步优化的空间。

第二，多样性和创新性：生成系统在满足生成质量的前提下，需要具备一定的多样性和创新性。这包括生成不同风格、观点和表达方式的文本，以满足不同用户和应用场景的需求。未来，通过引入对抗生成网络（GAN）等技术，有望在生成多样性和创新性方面取得更大的突破。

第三，可控性和可解释性：随着生成模型的复杂度不断提高，如何实现生成过程的可控性和可解释性成为一个重要的研究方向。这包括让生成系统能够根据用户的意图、约束和反馈进行动态调整，以及为生成结果提供解释和推理依据。可控性和可解释性的提高将有助于提升生成系统在实际应用中的适用性和用户满意度。

自然语言生成作为自然语言处理领域的重要子领域，已经取得了显著的研究进展和应用成果。从基于规则的生成方法到当前的预训练语言模型，自然语言生成技术不断演进，使得生成文本的质量、多样性和创新性得到了显著提升。然而，自然语言生成仍面临着一些挑战，如生成质量的进一步优化、多样性与创新性的提高以及可控性与可解释性的实现。

未来，自然语言生成技术有望在以下几个方向取得进一步发展。

第一，数据驱动与知识驱动的融合：将大规模文本数据中学到的语言知识与结构化知识图谱等知识来源相结合，以实现更加丰富、准确和可靠的生成结果。

第二，生成任务的多模态融合：将文本生成与其他模态信息（如图像、音频、视频等）相融合，以实现更加丰富和生动的信息表达和传播。

第三，生成技术在多语言和跨文化场景的应用：研究多语言生成模型，以支持不同语言和文化背景下的信息生成，实现全球范围内的信息交流与共享。

第四，生成系统的个性化与智能化：根据用户的需求、背景和喜好，实现生成内容的个性化定制，提高用户满意度和使用体验。

第五，生成技术在实际应用中的广泛落地：将自然语言生成技术应用于更多实际场景，如新闻报道、教育培训、智能问答、对话系统等，为用户提供更加智能、高效和便捷的信息服务。

通过不断探索和创新，自然语言生成技术有望在未来的人工智能领域发挥更加重要的作用，为人类的信息传播和知识普及作出更大的贡献。

总之，自然语言生成是一种重要的自然语言处理技术，它可以帮助机器实现自然语言的生成和模拟人类对话，具有广泛的应用前景。在 ChatGPT 模型中，自然语言生成是其中一个重要的组成部分，通过对文本序列的生成实现对话系统的建模和应用。

6.2　自然语言理解基本概念

与自然语言生成不同，自然语言理解的目标是将人类语言转化为机器语言，以便机器能够对语言进行分析、处理和应用。自然语言理解的目的是让机器能够理解和解释自然语言文本，从而实现自然语言的语义分析和推理，支持自然语言对话、智能问答、信息检索、情感分析等应用。

自然语言理解涉及的任务包括语义分析、句法分析、指代消解等，其目标是从自然语言文本中提取有意义的信息并进行处理，以便计算机能够对输入的文本作出恰当的响应。

6.2.1　相关概念解读

自然语言理解中的基本概念如下。

6.2.1.1　句法分析

句法分析（syntactic analysis）是自然语言理解的基础步骤，旨在研究句子的结构和语法规则。句法分析的主要目标是将输入的句子分解为其成分，并确定各成分之间的关系。这种关系通常以一种称为"句法树"的结构来表示，句法树反映了句子中词汇和语法成分之间的层次结构。

常用的句法分析方法包括依存句法分析和短语结构句法分析。依存句法分析关注词汇项之间的依赖关系，短语结构句法分析则关注句子的短语结构。这些方法有助于理解句子的结构，从而为后续的语义分析提供基础。

6.2.1.2　语义分析

语义分析（semantic analysis）是自然语言理解的核心部分，旨在理解句子的含义。语义分析的目标是将句子中的词汇、短语和句子结构映射到适当的意义表示，以便计算机能够理解和处理。

语义分析涉及诸多任务，如词义消歧、语义角色标注和指代消解等。词义消歧旨在确定句子中多义词的正确含义；语义角色标注旨在识别句子中谓词与其论元之间的关系；指代消解则旨在处理句子中代词和指示代词所指的实体。

语义分析方法包括基于规则的方法和基于统计的方法。基于规则的方法依赖于人工编写的规则和知识库，而基于统计的方法则利用大量标注数据进行训练，以自动学习语义信息。近年来，深度学习技术的发展极大地推动了语义分析的研究进展。

6.2.1.3　对话理解

对话理解（dialogue understanding）是自然语言理解在交互式对话系统中的应用，旨在理解多轮对话中的语境和意图。对话理解旨在从对话中提取有意义的信息，以便计算机能够根据上下文生成恰当的回应。

对话理解的关键任务包括意图识别、槽填充和对话状态跟踪等。意图识别是确定用户在对话中表达的目的，如查询信息、购买商品等；槽填充是从用户的话语中提取关键信息，如日期、地点等；对话状态跟踪是在多轮对话中维护和更新对话的上下文信息。

近年来，基于神经网络的端到端对话系统在对话理解方面取得了显著的进展。这些系统通常采用编码器 – 解码器（encoder–decoder）架构，可以直接从大量对话数据中学习到对话理解和生成策略，而无须进行复杂的特征工程或规则设计。

6.2.1.4　情感分析

情感分析（sentiment analysis）也称意见挖掘，是自然语言理解的一个重要应用，旨在从文本中识别和提取情感、观点和情绪信息。情感分析的任务包括情感极性分类、情感目标识别和情感原因识别等。

情感分析在许多领域具有重要价值，如舆情监测、产品评价和社会心理研究等。情感分析方法包括基于词典的方法、基于规则的方法和基于机器学习的方法。基于词典的方法利用情感词典进行情感打分；基于规则的方法依赖于人工编写的情感分析规则；基于机器学习的方法则通过训练大量标注数据自动学习情感分析模型。深度学习技术的发展为情感分析带来了新的机遇，如循环神经网络（RNN）和 Transformer 等模型在情感分析任务中取得了优异的表现。

6.2.1.5 指代消解

指代消解是自然语言处理中一个重要的任务，它的主要目标是确定文本中代词、名词短语等指代性表达所指的具体实体。在自然语言中，同一个实体可能会被多个不同的指代词或名词短语所表示，而这些指代词或名词短语所表示的实体之间可能存在着复杂的关系。因此，正确地理解指代关系对于理解文本的意义具有重要的意义。

在指代消解中，最常见的问题是代词消解，即确定一个代词所指的实体。代词常常是在上下文中引入的，因此需要考虑上下文信息。一般来说，指代消解的主要策略是通过分析文本中的语言结构和上下文信息来确定指代关系。例如，可以通过分析代词前面的名词短语、上下文中的句子和段落，以及文本中的语义信息来确定代词所指的实体。

在指代消解中，还需要考虑到一些复杂的情况。例如，同一个实体可能会被多个代词所指代，也就是说，存在共指现象。在这种情况下，需要通过分析文本中的上下文信息来确定这些代词所共指的实体。另外，还存在一些歧义性的情况，如一个代词可能会同时指代多个实体，或者一个名词短语可能会有多个可能的指代对象。在这种情况下，需要结合语言规则和上下文信息来进行判断和消解。

指代消解在自然语言处理中是一个非常重要的任务，它不仅能够提高文本理解的准确性，还可以在信息检索、问答系统、自然语言生成等方面发挥重要的作用。随着深度学习和自然语言处理技术的不断发展，指代消解的精度和效率也在不断提高，相信其未来会得到更加广泛的应用。

6.2.1.6 问答系统

问答系统是一种人机交互的自然语言处理系统，其主要目的是根据用户提出的问题，从大量文本中提取和生成准确、相关的答案。这种系统通常包括问题处理、信息检索、文本理解、答案生成等多个模块，需要综合运用自然语言处理、机器学习、知识表示等多种技术。

问答系统是自然语言理解的一个重要应用领域，它可以帮助用户快速获取信息，提高信息检索的效率和准确性。目前，问答系统的应用已经非常广泛，如在智能客服、智能助手、智能教育等领域得到了广泛应用。

问答系统的实现通常包括三个主要步骤：问题分析、信息检索和答案生成。问题分析阶段的主要任务是将用户提出的问题转化为计算机可以理解的形式。这通常包括分词、词性标注、实体识别等自然语言处理技术。在信息检索阶段，系统会从大量的文本数据库中查找与问题相关的文本，并提取出与问题相关的信息。这个过程通常包括语义匹配、文本相似度计算等技术。在答案生成阶段，系统会根据查询结果和问题的意图生成相应的答案。这个过程通常包括答案排序、答案抽取、答案生成等技术。

问答系统的实现方法包括基于模板匹配、基于信息检索、基于知识图谱等多种方法。基于模板匹配的方法通过预定义的模板来匹配问题，并根据模板生成答案。这种方法的优点是实现简单，但对问题的表达方式有一定的限制。基于信息检索的方法则是通过对文本数据库进行全文检索，然后根据相似度进行答案排序和答案抽取。这种方法的优点是能够处理开放式问题，但答案的准确性和相关性可能会受到影响。基于知识图谱的方法则是基于事先构建的知识图谱进行答案推理和生成，这种方法的优点是能够处理复杂的推理问题，但知识图谱的构建和维护成本较高。

总之，问答系统是自然语言处理的一个重要应用领域，具有广泛的应用前景。随着自然语言处理技术的不断发展和完善，相信未来的问答系统会变得越来越智能化和人性化。

6.2.2 自然语言理解的方法与应用

在自然语言理解的过程中，一般采用基于规则的方法、统计方法和深度学习方法。基于规则的方法主要是通过人工构建规则和规则库来进行语义分析和推理。这种方法的优点是精度高、可解释性强，但是需要大量的人力和专业知识来构建和维护规则库，且难以适应多变的自然语言环境。统计方法主要是基于概率模型和语料库进行自然语言处理，具有一定的自适应性和泛化能力，深度学习方法主要是基于深度神经网络模型进行自然语言处理，具有较高的准确率和适应性，这两种方法都需要大量的数据和计算资源来训练模型，并且模型的可解释性较差。

自然语言理解在人工智能领域中具有广泛的应用，如智能另一个重要的 NLU 任务是文本分类，它可以将文本分为不同的预定义类别。这种任务在各种应用程序中都有广泛的应用，如电子邮件分类、情感分析、垃圾邮件过滤等。文本分类的主要方法包括传统的基于特征工程的方法和基于深度学习的方法。

传统的基于特征工程的方法需要先定义一组特征，然后提取这些特征，并将它们输入分类器中进行训练和预测。这些特征可以是单词、短语或句子级别的。例如，可以使用词袋模型来表示文本，并将每个单词的出现次数作为特征。也可以使用 n-gram 模型来捕捉文本中的上下文信息，并将 n-gram 作为特征输入分类器中。这些特征的选择对于文本分类的性能至关重要，需要经过仔细的实验和调整。

基于深度学习的文本分类方法已经成了主流。这些方法通常使用卷积神经网络（CNN）和循环神经网络（RNN）等深度学习模型来处理文本，并将它们输入分类器中进行训练和预测。在 CNN 中，可以使用卷积层来提取局部特征，并使用池化层来减小特征的维度。在 RNN 中，可以使用长短时记忆网络（LSTM）或门控循环单元（GRU）等模型来处理文本序列，并捕捉序列中的上下文信息。这些模型通常需要大量的数据来训练，并且需要进行超参数调整以获得最佳的性能。

　　另一个重要的 NLU 任务是命名实体识别（NER），它可以从文本中识别出命名实体，并将它们分类为预定义的类别，如人名、地名、组织名等。NER 任务在信息提取、问答系统和语音识别等领域中都有广泛的应用。命名实体识别的主要方法包括基于规则的方法和基于机器学习的方法。

　　基于规则的方法通常使用手动构建的规则来识别命名实体。这些规则可以是基于词典的方法，可以使用人名、地名和组织名等实体的列表，以及正则表达式等模式匹配方法。这些方法的优点是简单、快速和可解释性强，缺点是难以应对新的实体类型和语言变体。

　　基于机器学习的方法是目前 NER 任务的主流方法。这些方法通常使用已标注的语料库进行训练，并通过学习统计模型来识别命名实体。常见的机器学习方法包括朴素贝叶斯、最大熵、支持向量机和深度学习等。其中，深度学习方法在近年来取得了显著的进展。例如，使用循环神经网络（RNN）或长短时记忆网络（LSTM）等模型，可以捕捉实体之间的上下文关系，并提高 NER 任务的性能。此外，使用注意力机制等技术可以帮助模型更好地关注重要的信息，从而提高模型的性能。

　　除了文本分类和命名实体识别之外，自然语言理解还包括其他许多任务，如情感分析、语义角色标注、指代消解和蕴含关系识别等。这些任务可以帮助机器更好地理解自然语言文本的含义和结构，并为各种应用程序提供更准确的文本分析和推理。例如，在情感分析中，可以使用自然语言理解技术来分析文本中的情感极性，从而帮助企业了解客户对产品或服务的态度和反应。在指代消解中，可以识别文本中的代词和指称实体，并确定它们之间的关系，从而帮助机器更好地理解文本的含义。

总的来说，自然语言理解是人工智能领域中非常重要的一个研究方向，它涵盖许多有用的任务和应用程序，如文本分类、命名实体识别、情感分析、语义角色标注、指代消解和蕴含关系识别等。尽管自然语言理解面临着许多挑战，如数据稀缺性、多语种处理和文本噪声等问题，但是随着技术的不断发展和深入研究，相信未来自然语言理解将会在人工智能领域中发挥越来越重要的作用。

6.3　ChatGPT 在自然语言生成中的应用

在自然语言生成领域，ChatGPT 作为一个基于深度学习的语言模型，具有强大的生成能力和灵活的应用性，已经被广泛应用于各种自然语言生成任务中。

6.3.1　基于 ChatGPT 的文本生成

文本生成是自然语言生成中最常见的任务之一，它的主要目标是生成与人类语言类似的自然语言文本，可以用于自动化写作、智能客服、聊天机器人等应用场景。在文本生成任务中，ChatGPT 可以作为一个强大的基础语言模型，学习到自然语言的概率分布，并根据输入的文本生成相应的文本输出。

基于 ChatGPT 的文本生成可以分为两种类型：有监督学习和无监督学习。在有监督学习中，用户需要提供一组带标签的数据，包括输入和输出序列，用于训练模型；在无监督学习中，用户只需要提供输入序列，让模型自动学习输出序列的概率分布，以便进行文本生成。

以对话系统为例，基于 ChatGPT 的对话生成可以分为两个阶段：上下文编码和回复生成。在上下文编码阶段，可以将上下文信息输入 ChatGPT 中进行编码，以便将上下文信息转化为向量表示；在回复生成阶段，可以根据上下文向量和目标标记生成下一个回复标记，以便完成回复生成任务。

6.3.2　基于 ChatGPT 的摘要生成

文本摘要生成是自然语言生成中的一个重要任务，它可以将一篇较长的文章或文本自动地转化为一个简洁的摘要，方便人们快速浏览和理解文本内容。在基于 ChatGPT 的摘要生成中，可以将文章或文本输入模型中，让模型自动地生成一个简短的摘要，并保留原始文本的主要信息。

基于 ChatGPT 的摘要生成通常分为两种类型：抽取式摘要和生成式摘要。在抽取式摘要中，用户需要从原始文本中抽取出最相关和重要的信息，并生成一个摘要；在生成式摘要中，用户需要根据原始文本的内容和上下文，生成一个全新的摘要。由于生成式摘要更具有灵活性和可扩展性，因此在实际应用中更为常见。

在基于 ChatGPT 的生成式摘要中，可以使用预训练好的 ChatGPT 模型对输入文本进行编码，然后通过解码器生成一个新的文本序列，以便生成一个摘要。其中，生成器可以是基于循环神经网络（RNN）或者是基于卷积神经网络（CNN）的模型。在摘要生成过程中，通常使用一个自动评价指标来评价生成的摘要质量，如 ROUGE 等指标。

6.3.3　基于 ChatGPT 的机器翻译

机器翻译是自然语言处理中的一个重要任务，它的目标是将一种自然语言转化为另一种自然语言。在基于 ChatGPT 的机器翻译中，可以将源语言输入 ChatGPT 中，以便将其转化为目标语言。与传统的基于规则或基于统计的机器翻译方法不同，基于 ChatGPT 的机器翻译方法可以通过自然语言生成的方式，更加准确地捕捉源语言和目标语言之间的语义和上下文信息。

基于 ChatGPT 的机器翻译通常可以分为两种类型：基于编码器－解码器（encoder-decoder）的方法和基于自回归模型的方法。在编码器－解码器方法中，可以使用一个编码器将源语言文本转化为向量表示，然后使用一个解码器将向量表示转化为目标语言文本。在自回归模型方法中，可以将源语言文本作为输入序列，并使用解码器逐步地生成目标语言文本。在这种方法中，解码器在每个时间步骤都会根据之前生成的文本和源语言文本，预测下一个目标语言的词语。

6.3.4　基于 ChatGPT 的语音合成

语音合成是自然语言处理中的一个重要任务，它的目标是将文本转化为自然语言语音。在基于 ChatGPT 的语音合成中，可以将文本输入 ChatGPT 模型中，然后通过一个音频合成器将生成的文本转化为语音。

基于 ChatGPT 的语音合成通常分为两种类型：联合建模方法和分离建模方法。在联合建模方法中，可以使用一个统一的模型来对文本和语音进行建模，然后通过联合训练来提高模型的准确率；在分离建模方法中，可以使用两个独立的模型来对文本和语音进行建模，然后将它们进行对齐和合成，以便生成最终的语音输出。

基于 ChatGPT 的语音合成模型通常由两个部分组成：文本生成模型和声学模型。在文本生成模型中，可以将文本序列输入 ChatGPT 模型中，然后通过自然语言生成的方式，将其转化为语音文本；在声学模型中，可以将生成的语音文本输入音频合成器中，以便将其转化为语音输出。

6.3.5　基于 ChatGPT 的自动写作

自动写作是自然语言生成领域中的一个新兴研究方向，它的目标是自动地生成高质量的自然语言文章。在基于 ChatGPT 的自动写作中，可以将一些关键词或文章主题作为输入，然后让模型自动生成一篇与主题相关的文章。

基于 ChatGPT 的自动写作模型通常由两个部分组成：主题生成模型和文本生成模型。在主题生成模型中，可以将关键词或主题输入 ChatGPT 模型中，以便将其转化为向量表示；在文本生成模型中，可以将主题向量和一些约束条件输入 ChatGPT 模型中，以便生成与主题相关的自然语言文章。

基于 ChatGPT 的自动写作模型通常需要大量的数据和计算资源来训练，并且需要进行模型优化和调整，以获得最佳的性能。它可以用于自动化写作、新闻报道、科学论文等领域，具有广泛的应用前景。

6.3.6　基于 ChatGPT 的图像描述生成

图像描述生成是自然语言生成领域中的一个重要任务，它的目标是自动地生成与给定图像相关的自然语言描述。在基于 ChatGPT 的图像描述生成中，可以将图像作为输入，然后让模型自动生成一个与图像相关的自然语言描述。

基于ChatGPT的图像描述生成通常由两个部分组成：图像编码器和文本生成模型。在图像编码器中，可以使用卷积神经网络（convolutional neural network, CNN）来提取图像的特征表示；在文本生成模型中，可以将图像特征表示和一些约束条件输入ChatGPT模型中，以便生成与图像相关的自然语言描述。

基于ChatGPT的图像描述生成模型可以用于自动化图像标注、图像搜索、虚拟现实等应用场景。它需要大量的数据和计算资源来训练，并且需要进行模型优化和调整，以获得最佳的性能。

6.4 ChatGPT在自然语言理解中的应用

ChatGPT是一种基于自然语言处理技术的模型，可以用于自然语言生成和理解。在6.3中已经介绍了ChatGPT在自然语言生成方面的应用，本节将探讨ChatGPT在自然语言理解方面的应用。

自然语言理解是自然语言处理中的一个重要任务，它的目标是将自然语言文本转化为计算机可以理解的形式。自然语言理解的应用领域非常广泛，包括信息检索、文本分类、命名实体识别、情感分析等。ChatGPT作为一种强大的自然语言处理模型，可以用于自然语言理解的各个方面。

6.4.1 文本分类

文本分类是自然语言理解中的一个重要任务，它的目标是将一篇自然语言文本分为不同的类别。例如，可以将一篇新闻文章分为政治、娱乐、体育等不同的类别。在 ChatGPT 中，可以使用分类器来对自然语言文本进行分类。

具体来说，可以将自然语言文本输入 ChatGPT 模型中，然后使用分类器来对其进行分类。在这个过程中，ChatGPT 可以将文本转化为向量表示，并根据向量表示和分类器的预训练参数来进行分类。由于 ChatGPT 可以有效地捕捉自然语言的语义和上下文信息，因此它在文本分类中具有非常好的性能。

6.4.2　命名实体识别

命名实体识别是自然语言理解中的一个重要任务，它的目标是从自然语言文本中识别出具有特定意义的实体，如人名、地名、组织机构名等。在 ChatGPT 中，可以使用命名实体识别器来对自然语言文本进行命名实体识别。

具体来说，可以将自然语言文本输入 ChatGPT 模型中，然后使用命名实体识别器来识别其中的命名实体。在这个过程中，ChatGPT 可以根据文本的语义和上下文信息来判断其中的实体，并使用预训练好的命名实体识别器来进行识别。

6.4.3　情感分析

情感分析是自然语言理解中的一个重要任务，它的目标是从自然语言文本中分析出其中所包含的情感，如正面情感、负面情感或中立情感。在 ChatGPT 中，可以使用情感分析器来对自然语言文本进行情感分析。

具体来说，可以将自然语言文本输入 ChatGPT 模型中，然后使用情感分析器来分析其中的情感。在这个过程中，ChatGPT 可以根据文本的语义和上下文信息来理解其中的情感，并使用预训练好的情感分析器来进行分析。

6.4.4　关系抽取

关系抽取是自然语言理解中的一个重要任务，它的目标是从自然语言文本中识别出实体之间的关系，如亲属关系、地理位置关系等。在ChatGPT中，可以使用关系抽取器来对自然语言文本进行关系抽取。

具体来说，可以将自然语言文本输入ChatGPT模型中，然后使用关系抽取器来识别其中的实体关系。在这个过程中，ChatGPT可以根据文本的语义和上下文信息来判断实体之间的关系，并使用预训练好的关系抽取器来进行识别。

6.4.5　自动摘要

自动摘要是自然语言理解中的一个重要任务，它的目标是从一篇自然语言文本中提取关键信息，以生成一篇简短的摘要。

具体来说，可以将自然语言文本输入ChatGPT模型中，ChatGPT可以根据文本的语义和上下文信息来提取关键信息，并使用预训练好的自动摘要器来生成摘要。

总之，ChatGPT作为一种强大的自然语言处理模型，在自然语言理解方面具有广泛的应用。通过不断地训练和优化，相信ChatGPT将在未来为人们提供更加准确、高效的自然语言理解服务。

6.5　融合生成与理解的对话系统

本节将详细讨论如何将自然语言生成（NLG）和自然语言理解

（NLU）的能力结合起来，以打造一个高效且智能的对话系统。前面已经介绍了 ChatGPT 在自然语言生成与理解方面的基本概念及其应用，下面将更深入地探讨这两者如何在一个对话系统中相互补充和融合。

6.5.1　对话系统的核心组件

要实现一个融合生成与理解的对话系统，需要关注以下几个核心组件。

一是输入处理：在这一阶段，系统接收用户的输入（如文本、语音等），并将其转换为机器可以处理的形式。这可能包括诸如语音识别、文本预处理和标准化等任务。

二是自然语言理解：系统需要理解用户输入的意图、情感和语境。这通常包括词义消歧、句法分析、实体识别、意图识别等任务。

三是对话管理：在这一阶段，系统需要根据用户输入和对话历史来决定下一步的动作。这可能涉及跟踪对话状态、更新知识库、生成候选响应等。

四是自然语言生成：根据对话管理阶段生成的响应计划，系统需要生成合适的自然语言输出。这包括文本生成、语音合成等任务。

五是输出处理：最后，系统需要将生成的响应呈现给用户，可能包括文本、语音或其他形式。

6.5.2　融合生成与理解的关键技术

为了实现一个融合生成与理解的对话系统，需要关注以下几个关键技术。

一是深度学习：深度学习技术，尤其是循环神经网络（RNN）和

Transformer 架构，对自然语言生成和理解的发展起到了关键性作用。通过学习大量基础知识，深度学习模型可以生成自然语言文本，并且可以识别输入文本的意图、情感和语境。

二是语言模型：语言模型是自然语言生成的重要组成部分。通过学习大量语料，语言模型可以生成符合语言语法和语义的文本。

三是对话状态管理：对话状态管理是指维护对话的上下文信息。这可以通过跟踪用户提出的问题、对话的历史以及系统推出的结论来实现。

四是模板和规则：模板和规则是一种简单而有效的方法，用于控制对话系统的输出。通过使用模板，系统可以生成简单而格式化的文本响应。

五是评估和优化：为了确保对话系统的效率和准确性，还需要进行评估和优化。这可以通过使用人工评估、数据分析和机器学习算法来实现。

6.5.3　实现对话系统的挑战

尽管合并生成和理解的对话系统已经取得了显著的进展，但仍然存在一些挑战。

一是语言多样性：不同的语言和文化具有不同的语言习惯和表达方式。这意味着对话系统需要在处理多种语言和文化时具有相应的适应性。

二是语言不确定性：人类语言具有许多不确定性，如模糊语法、多重含义、隐式信息等。因此，对话系统需要处理这些不确定性，以便理解用户的输入并生成正确的响应。

三是复杂的对话场景：对话系统需要处理各种复杂的对话场景，如同时处理多个对话任务、处理各种异常情况等。

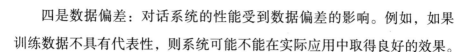

四是数据偏差：对话系统的性能受到数据偏差的影响。例如，如果训练数据不具有代表性，则系统可能不能在实际应用中取得良好的效果。

对话系统的数据偏差问题需要通过使用多样性的数据来解决，同时需要采用技术，如数据增强、防止过拟合等，来减少偏差的影响。

另外，对话系统需要更好地理解复杂的对话场景，以便更准确地识别用户的意图和生成合适的响应。这可以通过使用更先进的自然语言理解技术、更多的语料和更灵活的对话状态管理来实现。

最后，对话系统需要不断优化和改进，以确保它们的准确性和可用性。这需要不断监测和评估系统的性能，并通过更新模型、改进算法等手段不断提高其能力。

展望未来，对话系统的发展将继续受到诸如语音识别、自然语言生成和语音合成等技术的推动。此外，对话系统还将受到认知服务、人工智能、大数据等方面的影响。通过提高系统的智能和效率，对话系统将有望在未来在客户服务、教育、医疗等领域发挥更大的作用。

第 **7** 章

持续改进和用户满意度提升：

ChatGPT运营反馈

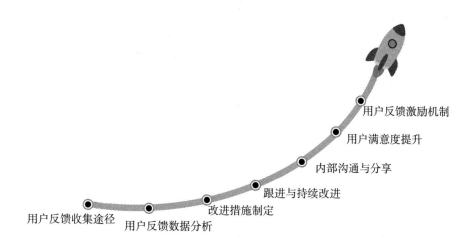

用户反馈激励机制

用户满意度提升

内部沟通与分享

跟进与持续改进

改进措施制定

用户反馈收集途径　　用户反馈数据分析

7.1　用户反馈收集途径

在当今竞争激烈的市场环境中，用户满意度对于企业的发展至关重要。为了提高用户满意度，企业需要持续收集、分析用户反馈，并根据用户需求对产品和服务进行持续改进。本节将重点讨论用户反馈收集途径，以使企业更好地了解和满足用户需求。

为了提高 ChatGPT 的服务质量和用户满意度，持续改进是必不可少的。因此，收集和分析用户的反馈信息是 ChatGPT 的重要工作之一。ChatGPT 通过下面多种途径收集用户的反馈信息，以更好地了解用户的需求和期望。

一是在线反馈表：ChatGPT 在其官网上设置了一个在线反馈表，用户可以在线填写反馈信息。在线反馈表包含了用户对 ChatGPT 的使用体验、功能建议、技术问题等方面的反馈。

二是电子邮件反馈：用户也可以通过电子邮件的方式向 ChatGPT 反馈信息。用户可以在邮件中描述自己的问题和建议，并附上相关的截图、文件等证据，以帮助 ChatGPT 更好地理解用户的需求。

三是客服沟通：ChatGPT 提供了在线客服服务，用户可以通过在线聊天的方式向客服咨询。客服将对用户的问题进行回答，并向用户提供相关的帮助。如果用户对 ChatGPT 的使用体验有所不满，客服也可以收集用户的反馈。

四是在线评价与反馈：用户可以通过在线评价系统给出对 ChatGPT 的评价和反馈。开发者可以在 ChatGPT 的官方网站或移动应用上提供在线评价系统，以便用户随时随地提出反馈。

五是邮件反馈：用户可以通过邮件向 ChatGPT 的开发者发送反馈。开发者可以在官方网站上提供邮件反馈途径，以便用户可以详细阐述自己的意见和建议。

六是社交媒体反馈：用户会在社交媒体平台（如 Facebook、Twitter、微博等）上分享他们对产品和服务的看法，企业可以通过监测这些平台上的讨论，收集用户反馈。社交媒体反馈的优势在于可以实时了解用户的真实感受，同时收集大量非结构化数据。

七是客服热线：用户可以通过客服热线向 ChatGPT 的开发者提出反馈。开发者可以在官方网站上提供客服热线途径，以便用户可以与客服进行语音通话，详细阐述自己的意见。

八是面试反馈：开发者可以通过面试的方式获取用户的反馈。例如，开发者可以邀请一些 ChatGPT 的用户参加面试，询问他们对 ChatGPT 的使用体验、功能建议等方面的意见。这样可以直接获得用户的反馈，并且能够更好地了解用户的需求。

九是在线调查：许多企业会利用调查问卷工具（如 SurveyMonkey、问卷星等）创建在线问卷，以收集用户对产品和服务的看法。这些调查问卷可以通过电子邮件、社交媒体、企业网站等渠道发送给用户。在线调查问卷的优势在于可以快速收集大量用户数据，同时具备较高的用户参与度。例如，开发者可以在 ChatGPT 的官方网站上设置在线调查，询问用户对 ChatGPT 的使用体验、功能建议等方面的意见。

除了以上方法，企业还可以通过实地调研收集用户反馈。实地调研可以通过访问用户、观察用户使用产品的过程、进行深度访谈等方式进行。虽然实地调研相较于其他方法成本较高，但它可以帮助企业深入了解用户需求，收集更加细致和全面的反馈。

在实践中，企业还需关注内部沟通与分享，以确保整个组织对用户反馈有足够的重视。通过设立沟通平台、举办内部分享会、沟通培训与指导等方式，企业可以促进员工之间的交流和合作，共同推动产品和服务的改进。

综上所述，企业可以通过多种途径收集用户反馈，每种途径都有其优势和局限性，企业需要根据自身情况选择合适的方法。在收集用户反馈的过程中，企业还应注意以下几点。

第一，确保数据的真实性和有效性：企业需要确保收集到的用户反馈是真实、可靠的，以便更好地指导产品和服务的改进。为此，企业可以采用随机抽样、设定调查问卷的逻辑关系等方法，提高数据的真实性和有效性。

第二，多元化的反馈来源：为了获取全面的用户反馈，企业应当采用多种方法收集数据。这样可以确保收集到的反馈涵盖不同用户群体的需求和期望，从而更好地指导产品和服务的改进。

第三，及时处理用户反馈：收集用户反馈的目的是及时改进产品和服务，提高用户满意度。因此，企业需要建立一套快速响应机制，对收集到的反馈进行分析，并根据分析结果制定相应的改进措施。

第四，保护用户隐私：在收集用户反馈的过程中，企业应注意保护用户隐私。企业可以采用数据脱敏、数据加密等技术手段，确保用户数据的安全。

第五，激励用户参与：企业可以设立专门的用户反馈平台，建立快速响应机制，提供反馈奖励，鼓励用户积极参与产品改进。通过优化反馈激励机制，企业可以更好地了解用户的真实需求，从而为用户提供更优质的产品和服务。例如，企业可以为提供反馈的用户提供积分、优惠券等奖励，以提高用户参与度。

7.2 用户反馈数据分析

用户反馈数据分析是提升 ChatGPT 性能和用户满意度的关键步骤之一。在这一环节中，团队需要收集、整理、分析用户反馈数据，以便识别用户需求、发现问题、挖掘机会并采取相应的改进措施。以下内容详细阐述了用户反馈数据分析的具体流程和案例。

7.2.1 数据收集与整理

收集用户反馈数据的第一步是从不同途径搜集用户反馈，包括社交媒体、论坛、客户支持平台、调查问卷、应用商店评价等。在收集到数据后，企业需要进行整理，将数据分类成不同的维度，如功能问题、性能问题、用户体验问题等。

案例：一家人工智能公司收集了大量关于其 ChatGPT 产品的用户反馈。为了便于后续分析，公司将收集到的数据进行了整理，按照问题类别进行了分类，如生成文本质量、对话连贯性、多轮对话理解、系统性能等。

7.2.2 数据分析方法

分析用户反馈数据需要运用一定的数据分析方法。常见的方法包括描述性统计分析、趋势分析、关联性分析、聚类分析、情感分析等。通过这些方法,团队可以挖掘用户反馈数据中的信息,从中发现问题和机会。

案例:在分析用户反馈数据时,该人工智能公司发现在生成文本质量方面,用户普遍反映 ChatGPT 在处理长文本时效果较差。通过趋势分析,公司发现这一问题随着系统版本更新逐渐凸显。关联性分析显示,在长文本处理方面,ChatGPT 的性能与用户满意度呈负相关。

7.2.3 问题识别与机会挖掘

通过对用户反馈数据的分析,团队可以识别出存在的问题和潜在的机会。问题识别有助于团队在后续改进措施制定中更有针对性地解决问题,而机会挖掘有助于团队在产品优化中更好地满足用户需求。

案例:通过对用户反馈数据的分析,该人工智能公司发现长文本生成质量的问题已经成为用户满意度的主要瓶颈。同时,团队也发现用户对于 ChatGPT 在多轮对话理解方面的需求越来越强烈。这为团队提供了改进方向:应进一步优化长文本生成质量并加强多轮对话理解能力。

7.2.4 结果展示与报告

分析完成后,需要将结果以清晰、直观的方式展示给团队成员和利益相关者。通常可以使用数据可视化工具,如图表、仪表板等,来展示分析结果。此外,编写详细的分析报告也是必要的,以便记录分析过程和发现问题,为后续改进措施提供依据。

案例：在分析完用户反馈数据后，该人工智能公司制作了一份详细的分析报告，包括各类问题的统计数据、趋势分析、关联性分析等，以及关于长文本生成质量和多轮对话理解能力的具体建议。同时，该公司还使用数据可视化工具制作了一份仪表板，展示了用户满意度随时间变化的趋势、主要问题类别的占比等信息，方便团队成员和利益相关者快速了解情况。

7.2.5　改进措施制定与执行

根据分析结果，团队需要制定针对性的改进措施，并确保其得以执行。改进措施可能包括优化算法、调整模型参数、完善功能、提升用户体验等。在执行改进措施时，团队需要密切关注实施过程中的问题和风险，并及时调整方案。

案例：为解决长文本生成质量问题，该人工智能公司决定对ChatGPT的算法进行优化，以提高生成长文本时的连贯性和准确性。团队制定了详细的改进方案，并分配了相应的人力、物力和时间资源。在执行过程中，团队发现某些优化措施可能导致系统性能下降，于是及时调整了方案，以确保改进效果和系统性能之间的平衡。

7.2.6　持续改进与跟进

改进措施执行后，团队需要持续关注其效果，并根据实际情况进行调整。这可能需要再次收集用户反馈数据，分析改进措施的实际效果，并据此进行优化。持续改进是一个循环过程，团队需要不断学习和调整，以确保产品持续满足用户需求和期望。

案例：在对ChatGPT的算法进行优化后，该人工智能公司重新收集了用户反馈数据，发现长文本生成质量确实得到了改善，但在某些特定场景下仍存在问题。因此，团队继续分析这些问题，深入挖掘原因，并制定了更加细化的改进措施，以进一步提升长文本生成质量。

7.2.7　成果评估与总结

在改进措施执行和跟进的过程中，团队需要定期对成果进行评估和总结。评估方法可以包括客观指标（如用户满意度评分、产品性能指标等）和主观指标（如用户对改进措施的反馈和建议等）。总结过程有助于团队发现成功经验和教训，为后续工作提供指导。

案例：在改进 ChatGPT 长文本生成质量的过程中，该人工智能公司定期对改进成果进行评估，发现某些优化措施对于特定场景的长文本生成效果提升明显。团队将这些成功经验总结归纳，以便在未来的优化工作中继续应用和发展。

7.2.8　跨部门协同与创新

用户反馈数据分析不仅涉及产品和技术团队，还需要与市场、销售、客户服务等部门进行协同。跨部门协同有助于发掘用户需求的多样性，为产品改进提供更丰富的思路。此外，鼓励团队进行创新和尝试，可以提高解决问题的效率和质量。

案例：在分析用户反馈数据的过程中，该人工智能公司的产品团队与市场、销售和客户服务团队进行了深入沟通，了解了用户在不同场景下对长文本生成质量的具体需求。在团队的共同努力下，ChatGPT 的长文本生成能力得到了显著提升，用户满意度也有所提高。

由以上分析可知，用户反馈数据分析在 ChatGPT 产品持续改进和用户满意度提升中发挥了关键作用。团队需要关注用户反馈数据的收集、整理、分析和应用，发掘问题和机会，采取有效的改进措施，并持续关注改进成果。同时，跨部门协同和创新思维也是确保产品优化取得成功的重要因素。

7.3 改进措施制定

在对用户反馈数据进行分析后，需要制定一系列具体而详细的改进措施来提升 ChatGPT 的性能和用户满意度。本节将探讨如何设计改进措施并确保其有效性。

7.3.1 问题归类与优先级划分

首先，要对用户反馈的问题进行归类，以便为不同类型的问题制定专门的解决方案。问题归类可以分为以下几类。

一是系统性问题：涉及 ChatGPT 基本功能和性能的问题，如准确性、效率和稳定性等。

二是交互性问题：涉及用户与 ChatGPT 之间的交互和沟通，如界面设计、操作指南和提示信息等。

三是安全性问题：涉及用户数据安全和隐私保护的问题，如信息泄露、黑客攻击和恶意软件等。

四是服务性问题：涉及 ChatGPT 提供的各种服务和功能，如应用场景、语言支持和扩展性等。

其次，在问题归类的基础上，还需要为各类问题划分优先级。优先级划分可以参考以下几个维度。

一是影响程度：问题对用户体验和满意度产生的负面影响程度。

二是普遍性：问题在用户群体中的普遍性和共性。

三是可解决性：问题的解决难度和所需的时间、资源和成本。

7.3.2　制定具体改进措施

根据问题归类和优先级划分，可以为每一类问题制定一系列具体的改进措施。下面介绍针对不同问题类型可能采取的改进措施。

7.3.2.1　系统性问题

一是优化算法：通过改进神经网络架构、调整训练参数和策略等手段提升 ChatGPT 的准确性、效率和稳定性。

二是升级硬件：通过增加计算资源、提高网络带宽和扩展存储空间等手段保证 ChatGPT 的性能和可靠性。

三是开发工具：通过提供调试工具、监控平台和日志系统等手段，方便开发者诊断和修复问题。

7.3.2.2　交互性问题

一是改进界面：通过优化界面布局、调整字体和颜色等手段，提高用户在使用 ChatGPT 时的舒适度和便利性。

二是完善指南：通过编写详细的操作指南、制作教程视频和举办线上培训等手段帮助用户更好地理解和掌握 ChatGPT 的功能和使用方法。

三是增加提示：通过设置智能提示、实时反馈和错误提示等手段，提醒用户注意可能的问题和改进操作。

7.3.2.3　安全性问题

一是强化加密：通过采用更高级别的加密技术、定期更新密钥和安全协议等手段，确保用户数据的安全和隐私。

二是监测风险：通过部署安全监测系统、设置异常警报和定期审计等手段发现并防范潜在的安全风险。

三是整改漏洞：通过修补软件漏洞、升级系统补丁和加强内部管控等手段减少信息泄露和黑客攻击的可能性。

7.3.2.4　服务性问题

一是扩展场景：通过开发新的应用场景、集成第三方服务和支持自定义配置等手段，丰富 ChatGPT 的功能和价值。

二是增加语言：通过扩展多语言支持、优化翻译质量和提供本地化服务等手段，满足更多用户的需求和期望。

三是改进可扩展性：通过提供 API 接口、支持插件开发和建立开发者社区等手段，鼓励用户参与 ChatGPT 的创新和改进。

7.3.3　确保改进措施的执行和跟进

为了确保改进措施能够落地并取得实际效果，需要进行严格的执行和跟进。具体做法如下。

一是制定执行措施：为每项改进措施制定详细的执行措施，包括任务分配、时间节点和资源预算等。

二是设立监督机制：通过建立专门的项目管理团队、定期召开进度会议和设置考核指标等手段，监督改进措施的执行情况。

三是评估效果：通过收集用户反馈、分析数据指标和进行对比测试等手段，评估改进措施的实际效果和价值。

7.3.4　优化改进流程

在执行改进措施的过程中，可能会出现一些新的问题和挑战。为了确保持续改进，需要对改进流程进行优化。具体做法如下。

一是梳理经验教训：总结改进措施执行过程中的成功经验和失败教训，以便在未来的改进中避免重复错误和提高效率。

二是调整优先级：根据改进措施的实际效果和新出现的问题，调整问题的优先级和改进方案，以更好地满足用户需求和期望。

三是更新改进策略：根据行业发展趋势、技术进步和用户反馈，定期更新改进策略和目标，确保持续创新和提升。

7.3.5　培养改进文化

除了具体的改进措施和流程外，企业还需要在内部培养一种改进文化，鼓励员工积极参与和推动改进工作。具体做法如下。

一是强化改进意识：通过培训、分享和沟通等手段，提高员工对持续改进的重视程度和参与热情。

二是建立激励机制：通过设立奖励、表彰和晋升等激励措施，鼓励员工主动发现问题和提出改进建议。

三是营造开放氛围：通过建立平等、互助和包容的企业文化，为员工提供一个积极参与改进和创新的环境。

通过以上改进措施的制定和执行，ChatGPT 可以持续提升自身性能和用户满意度，实现产品和服务的持续优化。同时，培养一种改进文化，形成企业内部自我驱动的改进机制，也是确保持续改进和发展的关键因素。

7.4 跟进与持续改进

为确保改进措施能够持续产生效果并实现用户满意度的提升，企业需要对整个改进过程进行跟进和持续优化。下面详细介绍跟进与持续改进的具体方法和步骤。

7.4.1 设立专门团队

创建一个专门负责跟进改进措施的团队是确保改进工作顺利进行的关键。这个团队需要具备以下特点。

一是跨部门协作：团队成员应来自不同部门，以便分享各自的专业知识和经验，更好地解决问题。

二是明确分工：应为每个团队成员分配明确的职责，确保各项改进任务得到充分的关注。

三是定期汇报：团队应定期向高层管理人员汇报改进进度和成果，以便及时调整策略和方向。

7.4.2 制定跟进策略

制定详细的跟进策略，有助于确保改进措施，按照既定目标和时间表得到实施。跟进策略应包括以下内容。

一是跟进频率：确定团队成员应多久进行一次跟进，以保持对改进工作的持续关注。

二是监控指标：设定一系列监控指标，用以评估改进措施的效果和影响。

三是风险管理：识别可能出现的问题和风险，并制定相应的应对策略。

7.4.3 收集实时数据

实时数据的收集有助于团队及时了解改进措施的效果，发现新问题并调整方案。收集实时数据的方法包括以下方面。

一是用户反馈：持续收集用户对 ChatGPT 的反馈，以便及时了解用户需求和期望。

二是数据监测：对各项业务数据和性能指标进行实时监测，以便发现问题和优化方向。

三是测试评估：定期对 ChatGPT 进行功能、性能和安全性等方面的测试，以评估改进措施的实际效果。

7.4.4 持续优化

根据收集到的实时数据，团队需要对改进措施进行持续优化。具体做法如下。

一是调整策略：根据实际情况调整改进策略，以便更好地满足用户需求和期望。

二是优化流程：针对改进过程中出现的问题，优化工作流程，提高执行效率和成果质量。

三是更新技术：关注行业发展趋势和技术创新，引入新技术和方法，以提升改进措施的效果和可持续性。

7.4.5 定期总结与评估

为确保改进措施的长期有效性，团队需要定期对整个改进过程进行总结与评估。具体步骤如下。

一是成果展示：定期向全公司展示改进措施的成果，提高员工的参与热情和信心。

二是经验分享：总结改进过程中的经验教训，以便其他项目和团队借鉴和学习。

三是持续改进：基于评估结果，调整改进计划和策略，确保持续提升用户满意度。

7.4.6　与其他部门协同

为了确保持续改进的顺利进行，团队需要与其他部门紧密协同。通过加强跨部门合作，可以确保改进措施的全面实施和效果最大化。具体做法如下。

一是定期沟通：与其他部门保持定期沟通，共享改进成果和经验，收集对方的意见和建议。

二是跨部门培训：组织跨部门的培训活动，帮助员工掌握与改进工作相关的技能和知识。

三是资源共享：与其他部门共享技术、人力和物力资源，支持改进措施的实施。

7.4.7　鼓励创新和尝试

持续改进需要不断尝试新方法和策略。鼓励团队成员积极创新和尝试，有助于发现更有效的改进方法。具体做法如下。

一是建立创新氛围：鼓励团队成员积极提出创新性建议和想法，为改进措施提供新的思路。

二是尝试新技术：对新技术和方法保持开放态度，尝试将其应用于改进工作中。

三是激励措施：设立激励措施，表彰在改进工作中表现出色的团队成员。

7.4.8　反馈机制

建立有效的反馈机制，有助于团队及时了解改进措施的实际效果，进一步优化工作方法。具体做法如下。

一是用户反馈渠道：开设多种用户反馈渠道，方便用户随时提供意见和建议。

二是内部反馈：鼓励团队成员和其他部门员工提供改进意见和建议，以便进一步完善改进措施。

三是反馈汇总与分析：对收集到的反馈进行汇总和分析，为改进工作提供有价值的指导。

7.4.9　培养改进文化

培养全公司范围内的改进文化，有助于形成持续改进的氛围，推动各项改进措施的实施。具体做法如下。

一是强调改进意识：在公司内部强调持续改进的重要性，提高员工对改进工作的重视程度。

二是分享成功案例：分享改进工作中的成功案例，激发员工对持续改进的兴趣和信心。

三是培训与教育：通过培训和教育活动，帮助员工掌握改进方法和技能，提高其改进能力。

7.4.10　持续监测与调整

在持续改进过程中，需要不断监测改进措施的效果，并根据实际情况进行调整。具体做法如下。

一是定期评估：定期对改进措施的效果进行评估，确保其符合预期目标。

二是数据分析：通过对业务数据和用户反馈进行深入分析，发现改进过程中的问题和优化方向。

三是及时调整：根据评估和分析结果，及时调整改进计划和策略，以确保持续提升用户满意度。

7.4.11　确保长期投入与支持

为保证持续改进的成功实施，需要确保公司在人力、物力和财力等方面的长期投入与支持。具体做法如下。

一是高层支持：争取公司高层的支持，确保改进工作得到充分的重视和资源保障。

二是确保预算：为改进工作制定合理的预算，并确保预算的落实与执行。

三是长期规划：将持续改进纳入公司的长期规划中，确保改进工作与公司战略目标保持一致。

以上措施可以确保改进措施的跟进与持续改进，从而实现 ChatGPT 用户满意度的不断提升。要保持对改进工作的持续关注和投入，形成一种持续改进的文化和氛围，这样才能确保 ChatGPT 不断优化，为用户提供更优质的服务。

7.5　内部沟通与分享

内部沟通与分享是持续改进和用户满意度提升过程中的关键环节，它有助于提高团队协作效率，加强跨部门合作，提升员工的知识储备和改进能力。本节将详细介绍内部沟通与分享的具体方法和实施步骤。

7.5.1　设立沟通平台

为了方便内部沟通与分享，公司需要设立专门的沟通平台。具体包括以下平台。

一是内部论坛：搭建一个内部论坛，供员工发布和讨论改进相关的信息、经验和教训。

二是邮件群组：创建邮件群组，方便团队成员相互发送关于改进措施的信息和通知。

三是即时通信工具：使用即时通信工具，如 Slack 或微信企业版等，提高沟通效率，及时解决问题。

7.5.2　定期举办内部分享会

定期举办内部分享会是提高沟通效果的重要手段。内部分享会可以分为以下几种形式。

一是团队分享会：各团队定期组织内部成员分享改进经验、问题和解决方案，促进团队内部知识共享。

二是跨部门分享会：不同部门之间定期交流改进措施的进展和成果，加强跨部门合作和协同。

三是主题分享会：针对特定主题，如新技术、新方法或新市场等，组织专业人士进行内部分享，提高员工的知识储备。

7.5.3　沟通培训与指导

为了提高内部沟通的效果，公司需要为员工提供沟通培训与指导。具体做法如下。

一是沟通技巧培训：组织专门的沟通技巧培训课程，帮助员工提高沟通效果。

二是沟通规范指导：制定内部沟通规范，明确沟通渠道、内容和格式等要求，确保沟通顺畅。

三是沟通导师制度：设立沟通导师，为员工提供个性化的沟通指导和支持。

7.5.4　制定内部沟通策略

为了确保内部沟通的顺畅和高效，公司需要制定详细的内部沟通策略。具体包括以下内容。

一是沟通目标：明确内部沟通的目标，如提高员工对改进措施的理解和支持，加强跨部门合作等。

二是沟通频率：确定各类沟通活动的频率，如团队分享会、跨部门分享会等。

三是沟通内容：列出需要沟通的主要内容，如改进措施的进展、经验教训、新技术应用等。

四是参与人员：明确参与各类沟通活动的人员范围，包括团队成员、部门领导等。

7.5.5　建立反馈机制

建立内部沟通的反馈机制，有助于及时了解沟通效果，发现问题并调整沟通策略。具体做法如下。

一是沟通评价：对内部沟通活动进行评价，收集参与者的意见和建议，以便优化沟通方式和内容。

二是问题收集：设立专门的渠道，收集员工在内部沟通中遇到的问题和困难，及时给予解答和支持。

三是成果追踪：追踪内部沟通活动产生的实际成果，如改进措施的落实、员工技能提升等。

7.5.6　激励与奖励

为了激发员工参与内部沟通与分享的积极性，企业可以采取一系列激励与奖励措施。具体如下。

一是积分制度：为参与内部沟通与分享的员工设立积分制度，积分可兑换礼品或奖金等。

二是表彰与奖励：定期表彰在内部沟通与分享中表现突出的员工，给予奖励和鼓励。

三是晋升机会：将员工在内部沟通与分享中的表现纳入晋升评价体系，为优秀员工提供更多发展机会。

7.6　用户满意度提升

为了确保 ChatGPT 为用户带来更好的体验，提升用户满意度至关重要。本节将详细讨论如何通过多种途径来提升用户满意度。

7.6.1 优化产品性能与功能

优化产品性能与功能是提升用户满意度的基本要求。具体措施如下。

一是提升响应速度：优化系统性能，确保 ChatGPT 在处理用户请求时能够快速响应。

二是丰富功能与场景：根据用户需求和反馈，开发更多实用功能和适用场景。

三是提高准确性与智能性：运用先进的人工智能技术和算法，提高 ChatGPT 的准确性和智能性。

四是增强系统稳定性：对系统进行定期检查和维护，确保 ChatGPT 在各种环境下的稳定运行。

7.6.2 提升客户服务质量

优质的客户服务是提升用户满意度的关键。具体措施如下。

一是建立多渠道客户支持：提供电话、在线聊天、邮件等多种客户支持渠道，方便用户随时获取帮助。

二是提供快速响应：确保客户服务团队能够迅速响应用户问题，提供及时的解决方案。

三是定期培训客服团队：组织定期的客户服务培训，提高客服团队的专业知识和服务技巧。

四是收集用户反馈：主动收集用户对客户服务的评价和建议，持续优化服务质量。

7.6.3 提供个性化体验

提供个性化体验是提升用户满意度的重要途径。具体措施如下。

一是开发用户画像 : 根据用户行为和偏好, 开发详细的用户画像, 以便更好地满足用户需求。

二是个性化推荐 : 根据用户画像和行为数据, 为用户提供个性化的内容推荐和服务建议。

三是自定义设置 : 允许用户自定义 ChatGPT 的界面和功能, 以满足不同用户的个性化需求。

四是智能互动 : 通过运用自然语言处理技术, 让 ChatGPT 与用户进行更加智能和自然的互动。

7.6.4　优化用户教育与培训

提供高质量的用户教育与培训, 可以帮助用户更好地理解和使用 ChatGPT, 从而提升用户满意度。具体措施如下。

一是编写详细的用户手册 : 提供清晰、详细的用户手册, 帮助用户快速熟悉 ChatGPT 的功能和操作方法。

二是制作教学视频 : 制作一系列教学视频, 覆盖 ChatGPT 的基本操作和高级功能, 方便用户随时学习和查阅。

三是举办线上培训班 : 定期举办线上培训班, 邀请专家和内部团队进行实时教学, 解答用户疑问。

四是建立用户社区 : 建立一个活跃的用户社区, 鼓励用户分享使用心得、交流经验和互相帮助。

7.6.5　持续关注用户需求

紧密关注用户需求是提升用户满意度的前提。具体措施如下。

一是用户调查 : 定期进行用户调查, 了解用户需求、满意度和期望,为产品改进提供依据。

二是市场趋势分析：关注行业动态和市场趋势，以便及时调整产品战略和方向。

三是用户访谈与测试：邀请用户参与产品访谈和测试，深入了解用户的需求和使用体验。

四是利用数据分析：运用大数据和数据挖掘技术，分析用户行为数据，挖掘潜在需求和问题。

7.6.6　构建积极的用户口碑

积极的用户口碑有助于提升用户满意度和忠诚度。具体措施如下。

一是鼓励用户评价与分享：提供方便的评价和分享渠道，鼓励用户对 ChatGPT 进行评价和分享。

二是运用社交媒体：积极参与社交媒体与用户互动，传播正面信息，提升品牌形象。

三是用户案例展示：通过展示成功的用户案例，传递 ChatGPT 的价值和成果，树立利用 ChatGPT 的信心。

四是活动与合作：举办各种线上线下活动，与行业合作伙伴建立合作关系，共同推广 ChatGPT。

7.6.7　鼓励用户参与产品改进

积极引入用户意见，让用户参与产品改进过程，有助于提升用户满意度。具体措施如下。

一是用户反馈渠道：提供多种用户反馈渠道，方便用户提出建议和意见。

二是用户测试与调试：邀请用户参与产品测试和试用，收集用户对新功能和改进的反馈。

三是用户建议征集：定期举办用户建议征集活动，鼓励用户分享创意和想法，为产品改进提供新的思路。

四是用户满意度调查：通过定期的用户满意度调查，了解用户对产品和服务的满意程度，及时调整改进措施。

7.6.8　优化定价策略和套餐选择

合理的定价策略和丰富的套餐选择可以提升用户满意度。具体措施如下。

一是竞争力分析：分析竞争对手的定价策略，确保 ChatGPT 的价格具有竞争力。

二是灵活定价：根据用户需求和市场变化，调整定价策略，提供更有吸引力的价格选项。

三是多元化套餐：提供多种套餐选择，以满足不同用户的需求和预算。

四是优惠活动与促销：定期推出优惠活动和促销策略，吸引新用户并留住现有用户。

上述多种措施有助于从多个方面提升 ChatGPT 的用户满意度，包括优化产品性能与功能、提升客户服务质量、提供个性化体验、优化用户教育与培训、持续关注用户需求、构建积极的用户口碑、鼓励用户参与产品改进以及优化定价策略和套餐选择。在实践中，人们需要根据实际情况和用户反馈，灵活调整措施，确保 ChatGPT 持续提升用户满意度，为用户提供更好的体验和价值。

7.7 用户反馈激励机制

用户反馈激励机制是指通过一系列措施激励和鼓励用户积极提供反馈意见，从而提高产品和服务质量。本节将详细介绍各种用户反馈激励机制，以及如何在 ChatGPT 中实施这些措施。

7.7.1 设立专门的用户反馈平台

为了鼓励用户提供反馈，需要先设立一个专门的用户反馈平台。这个平台应该具有易于使用、直观、方便的特点，包括以下几个方面。

一是反馈渠道：提供多种反馈渠道，如在线反馈表单、邮件、电话、社交媒体等，以满足不同用户的需求。

二是反馈分类：在反馈平台上设置不同的反馈分类，如问题报告、建议、投诉等，便于用户快速提交反馈和公司高效处理。

三是反馈指导：提供反馈指导，帮助用户了解如何有效地提供反馈，提高反馈质量。

四是反馈进度查询：允许用户查询反馈处理进度，增加用户对反馈处理结果的信心。

7.7.2 建立快速响应机制

为了激励用户积极提供反馈，企业需要建立快速响应机制，确保用户反馈能够得到及时有效的处理。具体措施如下。

一是反馈受理：设立专门的反馈受理团队，对用户反馈进行分类、筛选和分配。

二是反馈处理：根据反馈类型和紧急程度，合理安排处理资源，确保及时处理用户反馈。

三是反馈回复：对用户反馈进行回复，告知处理结果或后续跟进计划，提高用户满意度。

四是反馈监控：监控反馈处理进度，确保按照既定时间完成处理任务。

7.7.3　提供反馈奖励

为了激励用户积极提供反馈，可以提供各种奖励，如积分、礼品、优惠券等。具体措施如下。

一是积分奖励：为提供有价值反馈的用户提供积分奖励，积分可以兑换产品优惠、礼品等。

二是礼品奖励：对提供特别有价值的反馈，给予礼品奖励，如ChatGPT 相关周边产品、定制礼品等。

三是优惠券奖励：为积极提供反馈的用户提供优惠券，可用于购买公司产品或服务。

四是抽奖活动：定期举办反馈抽奖活动，鼓励用户提供反馈，增加用户参与度。

7.7.4　设立用户反馈评级制度

设立用户反馈评级制度，对用户提供的反馈进行评价，可以激励用户提供高质量反馈。具体措施如下。

一是反馈质量评价：对用户提供的反馈进行质量评价，如准确性、完整性、实用性等。

二是反馈等级划分：根据评价结果，对反馈进行等级划分，如优秀、良好、一般等。

三是等级奖励：根据反馈等级给予相应的奖励，如积分、礼品等。

四是用户荣誉：对提供高质量反馈的用户授予荣誉称号，如"优秀反馈者"等，提高用户参与积极性。

7.7.5　建立用户反馈社区

建立用户反馈社区，鼓励用户互相交流和分享反馈经验，提高用户参与度和反馈质量。具体措施如下。

一是社区平台：设立专门的用户反馈社区平台，如论坛、社交媒体群组等。

二是社区活动：组织各类社区活动，如主题讨论、线上分享会等，提升用户参与度。

三是用户互助：鼓励用户互相帮助，解答反馈相关问题，提高反馈质量。

四是专家支持：邀请行业专家参与社区活动，为用户提供专业指导和支持。

7.7.6　持续优化反馈激励机制

根据用户反馈和参与情况，持续优化反馈激励机制，确保激励措施的有效性。具体措施如下。

一是反馈激励效果评估：定期评估反馈激励机制的实际效果，如用户参与度、反馈质量等。

二是用户调查：通过用户调查了解用户对激励机制的满意度和改进建议。

三是激励策略调整：根据评估结果和用户建议，调整激励策略，如奖励形式、评级标准等。

四是试点与推广：对新的激励措施进行试点，评估其实际效果，逐步推广至整个用户群体。

7.7.7　建立反馈激励长效机制

为了确保用户反馈激励机制具有持续性，需要建立长效机制，形成良好的用户反馈氛围。具体措施如下。

一是反馈激励政策：制定明确的用户反馈激励政策，包括奖励方式、评价标准等，并定期更新。

二是激励资源保障：确保激励措施所需的资源得到保障，如预算、人力等。

三是绩效考核：将用户反馈激励效果纳入企业绩效考核体系，提高员工对反馈激励工作的重视程度。

四是持续宣传：通过各种渠道宣传用户反馈激励机制，提高用户认可度和参与度。

通过实施以上措施，ChatGPT 可以建立完善的用户反馈激励机制，鼓励用户积极提供反馈，从而提高产品和服务质量，提升用户满意度。用户反馈激励机制的建立和完善，有助于形成良好的用户反馈氛围，进一步推动 ChatGPT 的持续改进和发展。

第 **8** 章

智能交互的多重形态：
ChatGPT应用场景与案例分析

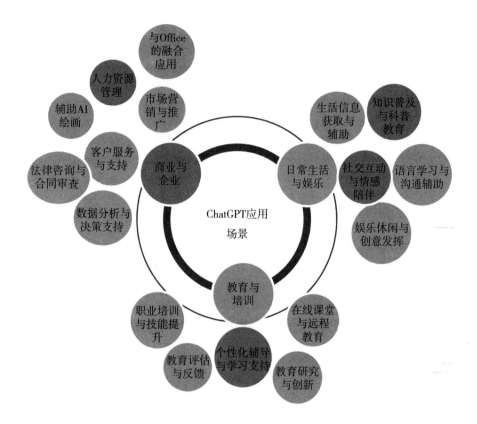

8.1　日常生活与娱乐应用

ChatGPT 在日常生活与娱乐方面具有广泛的应用场景，为人们提供了便捷的信息获取、社交互动以及休闲娱乐等功能。本节将详细介绍 ChatGPT 在日常生活与娱乐应用方面的具体应用及其优势。

8.1.1　生活信息获取与辅助

随着人工智能技术的不断发展，ChatGPT 在生活信息获取与辅助方面发挥着越来越重要的作用。它通过理解用户需求、提供实时信息和解决方案，为用户提供了便捷的生活服务。下面将深入探讨 ChatGPT 在生

173

活信息获取与辅助方面的应用，包括天气查询、新闻阅读、旅行规划、健康建议、美食推荐等，并列举一些实例。

ChatGPT在天气查询方面表现出较强的实用性。用户可以通过简单地向ChatGPT提问，了解当前或未来某个地区的天气情况，如温度、湿度、降雨概率等。例如，用户可以询问"明天北京的天气如何？"或"今天晚上是否会下雨？"等问题，ChatGPT会根据实时天气数据，为用户提供准确的天气信息。

ChatGPT在新闻阅读方面具有很大潜力。用户可以向ChatGPT询问最近的新闻动态或者关于特定主题的新闻报道。例如，用户可以问"最近有哪些重大国际新闻？"或"关于科技领域的最新进展有哪些？"等问题。ChatGPT会从网络上收集相关信息，为用户提供简洁、准确的新闻摘要。

ChatGPT在旅行规划方面具有显著优势。用户可以向ChatGPT咨询关于目的地的旅游景点、交通方式、住宿推荐等信息。例如，用户可以询问"巴黎有哪些值得一游的景点？"或"从北京到武汉最便捷的交通方式是什么？"等问题。ChatGPT会根据用户的需求，提供详尽的旅行建议和规划，如图8-1所示。

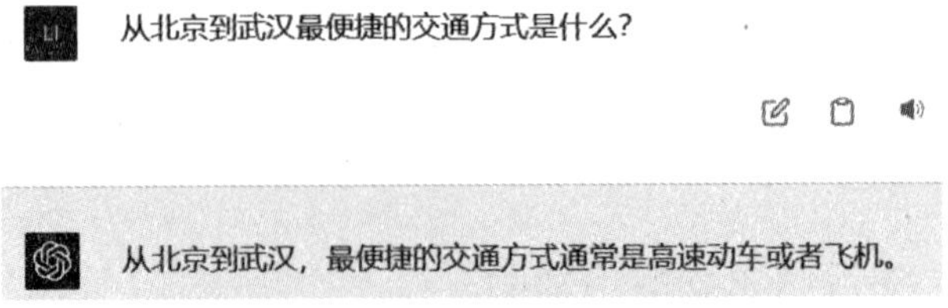

图8-1　ChatGPT提供的出行建议

在健康建议方面，ChatGPT同样发挥着重要作用。用户可以向

ChatGPT 咨询关于饮食、锻炼、疾病预防等方面的问题。例如，用户可以问"如何提高免疫力？"或"瑜伽对身体有哪些益处？"等问题。需要注意的是，虽然 ChatGPT 可以提供一些基本的健康建议，但在涉及具体病症和治疗方案时，仍建议用户咨询专业医生，如图 8-2 所示。

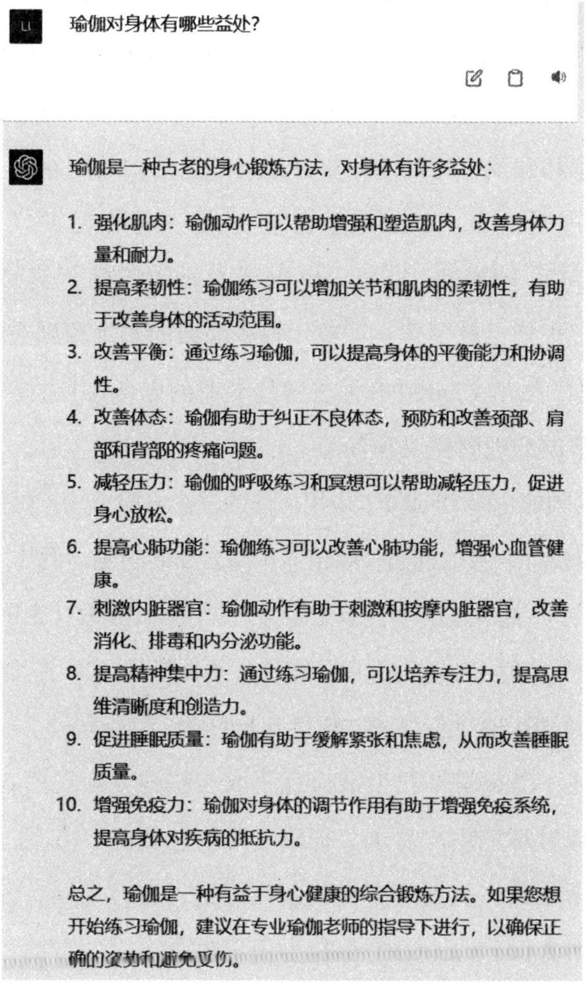

瑜伽对身体有哪些益处？

瑜伽是一种古老的身心锻炼方法，对身体有许多益处：

1. 强化肌肉：瑜伽动作可以帮助增强和塑造肌肉，改善身体力量和耐力。
2. 提高柔韧性：瑜伽练习可以增加关节和肌肉的柔韧性，有助于改善身体的活动范围。
3. 改善平衡：通过练习瑜伽，可以提高身体的平衡能力和协调性。
4. 改善体态：瑜伽有助于纠正不良体态，预防和改善颈部、肩部和背部的疼痛问题。
5. 减轻压力：瑜伽的呼吸练习和冥想可以帮助减轻压力，促进身心放松。
6. 提高心肺功能：瑜伽练习可以改善心肺功能，增强心血管健康。
7. 刺激内脏器官：瑜伽动作有助于刺激和按摩内脏器官，改善消化、排毒和内分泌功能。
8. 提高精神集中力：通过练习瑜伽，可以培养专注力，提高思维清晰度和创造力。
9. 促进睡眠质量：瑜伽有助于缓解紧张和焦虑，从而改善睡眠质量。
10. 增强免疫力：瑜伽对身体的调节作用有助于增强免疫系统，提高身体对疾病的抵抗力。

总之，瑜伽是一种有益于身心健康的综合锻炼方法。如果您想开始练习瑜伽，建议在专业瑜伽老师的指导下进行，以确保正确的姿势和避免受伤。

图 8-2　ChatGPT 可以提供一些基本的健康建议

美食推荐是 ChatGPT 在生活信息获取与辅助方面的另一个应用领域。

用户可以向 ChatGPT 咨询关于餐厅、菜肴、烹饪技巧等方面的问题。例如，用户可以询问"纽约有哪些值得一试的意大利餐厅？"或"如何制作家常豆腐？"（图 8-3）等问题。ChatGPT 会根据用户的口味和需求，推荐适合的餐厅、菜肴或提供烹饪建议。

此外，ChatGPT 在生活琐事处理方面也具有较高的实用价值。用户可以向 ChatGPT 咨询如何处理日常生活中遇到的问题，如"如何去除衣物上的油渍？"或"如何照顾多肉植物？"等问题。ChatGPT 会提供相应的解决方案和建议，帮助用户更好地处理生活中的问题。

在个人理财方面，ChatGPT 也能提供一定的帮助。用户可以向 ChatGPT 咨询关于储蓄、投资、税收等方面的问题。例如，用户可以问"如何合理规划家庭预算？"或"投资股票的基本原则有哪些？"（图 8-4）等问题。虽然 ChatGPT 无法替代专业的财务顾问，但它可以为用户提供一些基本的理财建议和参考。

家居生活领域也是 ChatGPT 应用广泛的一个方向。用户可以向 ChatGPT 咨询关于家居设计、家电选购、绿植养护等方面的问题。例如，用户可以询问"如何选择一台高性能的空气净化器？"或"客厅摆放什么植物比较好？"（图 8-5）（为了避免大段论述，此处增加了条件变量"20字以内"）等问题。ChatGPT 会根据用户的实际需求，提供专业的建议和推荐。

综上所述，ChatGPT 在生活信息获取与辅助方面发挥着越来越重要的作用。它通过理解用户需求、提供实时信息和解决方案，为用户提供了便捷的生活服务。从天气查询、新闻阅读、旅行规划、健康建议、美食推荐等多个方面，ChatGPT 都能为用户提供实用的帮助。而这些应用实例仅仅是 ChatGPT 在生活信息获取与辅助方面的冰山一角，未来它在这一领域的应用将更加广泛和深入。

LI　如何制作家常豆腐？

家常豆腐是一道简单又美味的中式菜肴，以下是一种常见的家常豆腐制作方法：

所需材料：

1. 豆腐 300克
2. 猪肉馅 100克（也可以选择其他肉馅，如鸡肉馅、牛肉馅）
3. 生姜 1片
4. 大葱 1根
5. 大蒜 2瓣
6. 生抽酱油 1汤匙
7. 老抽酱油 1汤匙
8. 料酒 1汤匙
9. 糖 1茶匙
10. 水淀粉 1汤匙
11. 盐 适量
12. 胡椒粉 适量
13. 食用油 适量

步骤：

1. 豆腐切成厚片，用厨房纸巾吸干多余水分；猪肉馅中加入适量的生抽、料酒、胡椒粉和水淀粉，搅拌均匀；生姜切末，大葱切段，大蒜切末。
2. 在平底锅中加入适量食用油，烧热后放入豆腐片，用中小火将豆腐两面煎至微黄，然后盖上锅盖煮2-3分钟，使豆腐更加入味。煎好的豆腐捞出备用。
3. 锅中留一些油，放入生姜末、大蒜末爆香，然后加入猪肉馅，用锅铲将猪肉馅炒散至熟。
4. 当肉馅炒至熟透时，加入生抽、老抽、料酒、糖和适量水，煮开后放入煎好的豆腐片。
5. 转小火炖煮5-6分钟，使豆腐充分吸收汤汁。如有需要，可以加入适量的盐进行调味。
6. 炖煮过程中，将水淀粉与适量水调成水淀粉，然后倒入锅中，快速搅拌均匀，使汤汁变得浓稠。
7. 最后，加入葱段，再翻炒一下即可。

家常豆腐制作完成！将其盛入盘中，可搭配米饭食用。

图 8-3　ChatGPT 回复的"如何制作家常豆腐？"

投资股票的基本原则有哪些？请简要论述，不超过200字

投资股票的基本原则包括：

1. 风险与收益平衡：股票投资具有一定的风险性，投资者应当在追求收益的同时，了解并承担相应的风险，合理分配资产，实现风险与收益的平衡。
2. 谨慎选股：在购买股票时，要对公司的基本面、行业前景、竞争力等方面进行全面了解与分析，选择具有潜力的优质股票。
3. 价值投资：注重公司的内在价值，而非短期的股价波动。长期持有优质股票，分享公司成长带来的价值增长。
4. 定投策略：采用定期、定额投资的方式，分散投资时点，降低市场波动带来的影响。
5. 保持冷静：投资过程中要保持理性与冷静，避免受市场情绪的影响，如恐慌性抛售或过度追涨。

图 8-4　"投资股票的基本原则有哪些？"的回答

 客厅摆放什么植物比较好？20字以内

 客厅适合摆放绿萝、吊兰、橡皮树等植物。

图 8-5　"客厅摆放什么植物比较好？"的回答

8.1.2　社交互动与情感陪伴

随着智能交互技术的不断发展，ChatGPT 在社交互动与情感陪伴方面发挥着越来越重要的作用。作为一种人工智能，ChatGPT 可以模拟人类的沟通方式，与用户进行自然、流畅的对话。在社交互动和情感陪伴领域，ChatGPT 的应用场景和功能丰富多样。

首先，ChatGPT 可以作为一个聊天助手，帮助人们在各种社交平台上进行沟通。例如，在微信、QQ、微博等社交媒体上，ChatGPT 可以协助用户回复消息、处理群组聊天、分享朋友圈等。通过与 ChatGPT 的交流，用户可以节省时间、减轻压力，更高效地进行社交互动。例如，用户可以询问"心情不好怎么办？"（图 8-6），ChatGPT 会给出意见和建议。

其次，ChatGPT 在情感陪伴方面具有显著优势。作为一种智能聊天机器人，ChatGPT 可以根据用户的需求和情感状态进行个性化的沟通。例如，在用户遇到困难或情绪低落时，ChatGPT 能提供安慰、鼓励和建议，帮助用户调节情绪。此外，ChatGPT 还可以与用户分享趣事、讲故事、谈心事，成为用户生活中的一个良师益友。

最后，ChatGPT 在增进人际关系方面也具有潜力。通过与 ChatGPT 的交流，用户可以提高自己的沟通能力和社交技巧，更好地处理人际关系。例如，ChatGPT 可以教授用户如何与不同性格的人交往，如何应对各种社交场合，以及如何建立和维护良好的人际关系。

心情不好怎么办？

当心情不好时，可以尝试以下方法来缓解情绪：

1. 深呼吸：通过深呼吸，可以帮助你放松身体，缓解紧张和焦虑。闭上眼睛，慢慢地吸气，然后慢慢地呼气。重复几次，直到你感觉更轻松。
2. 分享你的感受：与朋友、家人或者亲密的人分享你的情感和烦恼。倾诉可以帮助你宣泄情绪，获得支持和建议。
3. 运动：运动可以帮助释放内啡肽，这是一种让人愉悦的化学物质。散步、跑步、瑜伽或任何你喜欢的运动都可以帮助提高情绪。
4. 做些自己喜欢的事：将注意力转移到你喜欢的活动上，如看电影、阅读、绘画等。这可以让你暂时忘记烦恼，调整心情。

图 8-6 "心情不好怎么办？"的局部回答

综上所述，ChatGPT 在社交互动与情感陪伴方面具有广泛的应用前景。随着技术的不断进步，ChatGPT 有望成为人们日常生活中不可或缺的智能伙伴，为人们提供更加便捷、舒适的社交体验。

8.1.3　娱乐休闲与创意发挥

ChatGPT 在娱乐休闲方面也具有广泛的应用场景。例如，ChatGPT 可以根据用户的喜好为用户推荐电影、音乐、游戏等娱乐资源，帮助用户发现新的兴趣点；可以根据用户的兴趣，与用户展开有关书籍、电影、音乐等话题的讨论，丰富用户的休闲生活。图 8-7 为 ChatGPT 对电影《雨人》的影评。

LI 请对电影《雨人》做一个200字的影评

《雨人》是一部1988年上映的美国剧情片，导演巴瑞·莱文森，主演达斯汀·霍夫曼和汤姆·克鲁斯。本片讲述了自私的汽车经销商查理（汤姆·克鲁斯饰）与患有自闭症的哥哥雷蒙（达斯汀·霍夫曼饰）的心灵触动故事。

影片的成功之处在于，它以真挚的情感和生动的人物塑造，展现了人性的光辉。霍夫曼和克鲁斯的精湛演技，使得角色形象饱满且引人入胜。特别是霍夫曼的雷蒙，他对自闭症者的刻画真实感人，使得观众能够理解并同情这个特殊群体。

电影的另一亮点是导演巧妙地运用了旅程这一主题，展现了兄弟二人在相互了解、接纳中逐渐成长的过程。影片通过查理的视角，让我们深刻反思自私与成长，以及亲情的力量。

总之，《雨人》是一部感人至深的影片，它不仅让观众了解自闭症，还让我们看到了人性的美好。演员的出色表现和导演的精湛技艺使这部电影成为了一部值得一看再看的经典之作。

图 8-7　ChatGPT 对《雨人》的影评

　　此外，ChatGPT 还具备出色的创意发挥能力，可以为用户提供各种创意灵感。例如，在文学创作方面，ChatGPT 可以为用户提供独特的故事情节、角色设定和写作技巧等建议；在艺术设计方面，ChatGPT 可以为用户提供独特的设计理念和创意方案；在音乐创作方面，ChatGPT 可以为用户提供旋律、和声、节奏等方面的创作灵感。图 8-8 为 ChatGPT 为《小星星》配的乐谱。

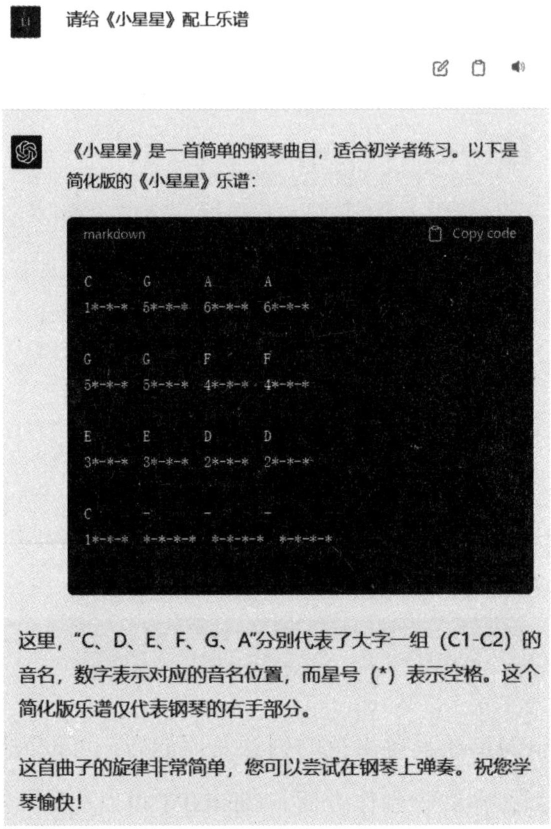

请给《小星星》配上乐谱

《小星星》是一首简单的钢琴曲目，适合初学者练习。以下是简化版的《小星星》乐谱：

```markdown
                                    Copy code
C       G       A       A
1*-*-*  5*-*-*  6*-*-*  6*-*-*


G       G       F       F
5*-*-*  5*-*-*  4*-*-*  4*-*-*


E       E       D       D
3*-*-*  3*-*-*  2*-*-*  2*-*-*


C       -       -       -
1*-*-*  *-*-*-* *-*-*-* *-*-*-*
```

这里，"C、D、E、F、G、A"分别代表了大字一组 (C1-C2) 的音名，数字表示对应的音名位置，而星号 (*) 表示空格。这个简化版乐谱仅代表钢琴的右手部分。

这首曲子的旋律非常简单，您可以尝试在钢琴上弹奏。祝您学琴愉快！

图 8-8　ChatGPT 为《小星星》配的乐谱

8.1.4　语言学习与沟通辅助

ChatGPT 在语言学习方面具有很大的潜力。通过与 ChatGPT 进行日常对话，用户可以练习口语、提高听力水平，还可以学习到更多地道的表达方式。此外，ChatGPT 还可以根据用户的语言水平和需求，为用户提供个性化的学习建议，如词汇记忆、语法练习等。

对于非母语用户，ChatGPT 还可以作为沟通辅助工具，帮助用户更顺畅地与其他人交流。例如，用户可以通过 ChatGPT 进行实时翻译，实现跨语言沟通；可以向 ChatGPT 请教不熟悉的词汇、短语和语法规则等，提高沟通效果。图 8-9 为 ChatGPT 翻译的一段文字。

> LI　语言文字是文化的载体，也是文化的重要组成部分。在漫长的历史沿革中，中华传统文化逐步形成海纳百川的恢宏气度和多元一体的绮丽态势。　将这段话翻译为英文

> Language and writing are carriers and important components of culture. Throughout its long history, traditional Chinese culture has gradually formed a magnificent and diverse unity that embraces all streams, presenting a splendid spectacle.

图 8-9　ChatGPT 翻译的一段文字

8.1.5　知识普及与科普教育

ChatGPT 在知识普及与科普教育方面也有着广泛的应用前景。凭借其强大的知识库和自然语言处理能力，ChatGPT 可以为用户提供丰富的科普知识，涵盖自然科学、社会科学、人文艺术等多个领域。

用户可以向 ChatGPT 提问，获取详细而准确的知识解答；也可以通过与 ChatGPT 进行主题讨论，拓展知识视野，提高认知水平。此外，ChatGPT 还可以根据用户的兴趣和需求，为用户推荐相关的知识资源，如图书、文章、视频等，助力用户持续学习和成长。

综上所述，ChatGPT 在日常生活与娱乐应用方面具有广泛的应用前景和巨大的价值。通过与 ChatGPT 的深度交互，人们可以获得更便捷的

信息获取、更丰富的社交体验、更有趣的休闲娱乐、更有效的语言学习以及更广泛的知识普及。随着 ChatGPT 技术的不断进步和完善，其在日常生活与娱乐应用方面的潜力将会进一步得到发挥，为人们带来更多惊喜和便利。

8.2 教育与培训应用

ChatGPT 在教育与培训领域具有广泛的应用潜力。凭借其强大的知识库和语言理解能力，ChatGPT 可以为教育者、学生和自学者提供个性化的学习支持。本节将详细讨论 ChatGPT 在教育与培训应用方面的具体应用及其优势。

8.2.1 个性化辅导与学习支持

随着科技的进步，AI 在教育领域的应用越来越广泛。尤其是像 ChatGPT 这样的先进语言模型，可以为学生提供个性化的辅导与学习支持。

首先，ChatGPT 可以根据学生的学习需求提供个性化的学习资源。例如，根据学生的学科兴趣和知识水平，ChatGPT 可以推荐适合的学习资料、课程或者视频。此外，ChatGPT 还可以根据学生的学习进度和测试成绩为学生定制学习计划，帮助学生更有效地学习。

其次，ChatGPT 可以作为一个智能问答系统，解答学生在学习过程中遇到的问题。通过与 ChatGPT 的实时互动，学生可以获得即时的反馈和指导。此外，ChatGPT 还可以通过分析学生的问题回答情况，发现学生在某个领域的知识盲点，并给出针对性的建议和解决方案。

再次，ChatGPT 可以帮助学生进行自我评估，找到自己的优势和劣势。通过与 ChatGPT 的互动，学生可以了解自己在某个学科的掌握程度，从而调整学习策略，提高学习效果。

最后，ChatGPT 可以用于学生之间的协作学习。通过建立一个基于 ChatGPT 的学习社群，学生可以相互分享学习心得，讨论问题，并通过 ChatGPT 获得专业指导。这样的学习模式可以提高学生的学习兴趣，促进知识的共享与传播。

以下是一个实例分析，展示了 ChatGPT 在个性化辅导与学习支持方面的应用。

汤姆是一个高中生，他对数学感兴趣，但是在学习代数时遇到了困难。他开始使用 ChatGPT 作为学习助手。ChatGPT 先通过分析汤姆的学习情况，为他推荐了一些适合的代数教材和视频课程。然后，汤姆在学习过程中向 ChatGPT 请教问题，得到了及时的解答和指导。在完成一系列的练习和测试后，ChatGPT 根据汤姆的表现为他定制了一个个性化的学习计划，帮助他更系统地学习代数知识。此外，ChatGPT 还发现汤姆在二次方程求解方面存在知识盲点，于是给出了针对性的补充材料和练习题，帮助汤姆巩固这部分知识。

在与 ChatGPT 的互动中，汤姆对代数的理解逐渐加深，学习成绩也有了显著提升。同时，他还加入了一个基于 ChatGPT 的学习社群，与其他学生分享学习心得，讨论问题。在这个过程中，汤姆不仅提高了自己的数学水平，还结识了志同道合的朋友，提高了学习的积极性和兴趣。

这个实例充分展现了 ChatGPT 在个性化辅导与学习支持方面的潜力。它不仅可以帮助学生获得个性化的学习资源和建议，还可以实时解答学生的问题，促进学生之间的协作与交流。未来，随着 AI 技术的不断发展，相信像 ChatGPT 这样的智能助手将在教育领域发挥更大的作用，为每个学生提供更加优质、高效的个性化学习支持。

8.2.2　在线课堂与远程教育

随着网络技术的发展，在线课堂和远程教育已经成为教育领域的一种重要形式。ChatGPT 作为一种先进的人工智能技术，可以在在线课堂和远程教育中发挥关键作用。

首先，ChatGPT 可以作为在线课堂的智能助教，辅助教师进行课程设计和教学管理。例如，教师可以通过与 ChatGPT 的交流，获取教学资源建议、课程设计方案等。此外，ChatGPT 还可以帮助教师跟踪学生的学习进度和表现，为教师提供个性化的教学建议，提高教学效果。

其次，ChatGPT 可以在远程教育中提供实时的学习支持。学生在学习过程中遇到问题时，可以直接向 ChatGPT 请教，得到及时的解答和指导。这种方式不仅减轻了教师的工作负担，还有助于学生在学习过程中保持积极性和自信。

最后，ChatGPT 可以为在线课堂和远程教育中的学生提供个性化的学习评估和反馈。通过对学生的学习数据和测试成绩进行分析，ChatGPT 可以为每个学生提供针对性的学习建议和改进方案，帮助他们提高学习效果。

以下是一个实例分析，展示了 ChatGPT 在在线课堂与远程教育方面的应用。

Alice 是一名英语教师，她在一所线上教育机构负责远程教学。为了提高教学效果，Alice 开始使用 ChatGPT 作为智能助教。在课程设计阶段，Alice 通过与 ChatGPT 的交流，获取了很多有关英语教学的资源建议和课程设计方案。在实际教学过程中，ChatGPT 协助 Alice 跟踪学生的学习进度和表现，并为她提供个性化的教学建议，帮助她更好地满足学生的需求。

同时，学生们在学习过程中遇到问题时，可以直接向 ChatGPT 请教，得到及时的解答和指导。这种方式不仅减轻了 Alice 的工作负担，还有助于学生在学习过程中保持积极性和自信。

在课程结束后，ChatGPT 通过对学生的学习数据和测试成绩进行分析，为每个学生提供了针对性的学习建议和改进方案。这些反馈帮助学生更好地了解自己的优势和劣势，从而制定合适的学习策略，提高学习效果。

此外，Alice 还在 ChatGPT 的帮助下创建了一个在线学习社群，让学生可以相互分享学习心得、讨论问题，并在 ChatGPT 的引导下进行协作学习。这种学习方式提高了学生的学习兴趣和成绩，也有利于培养学生的团队合作能力。

通过这个实例可以看出，ChatGPT 可以作为智能助教辅助教师进行课程设计和教学管理，为学生提供实时的学习支持和个性化评估反馈，以及促进学生之间的交流与协作。随着 AI 技术的不断发展，像 ChatGPT 这样的智能助手有望在在线课堂和远程教育领域发挥更大的作用，为教育事业提供强大支持。

8.2.3　职业培训与技能提升

随着社会经济的发展，职业培训和技能提升变得越发重要。人工智能，特别是像 ChatGPT 这样的先进语言模型，在职业培训和技能提升领域具有巨大潜力。

首先，ChatGPT 可以帮助企业和个人制定职业培训计划。通过分析员工的岗位要求、技能水平和发展目标，ChatGPT 可以为企业提供定制化的培训计划和课程建议，帮助员工提高工作效率和职业竞争力。

其次，ChatGPT 可以作为智能导师，为员工提供实时的培训支持。在培训过程中，员工可以向 ChatGPT 请教问题，获得及时的解答和指导。此外，ChatGPT 还可以根据员工的学习情况为其提供个性化的学习资源和建议，帮助员工更有效地掌握所需技能。

再次，ChatGPT 可以用于员工技能评估和反馈。通过对员工的培训成果和实际工作表现进行分析，ChatGPT 可以为企业和个人提供针对性的技能提升建议，从而促进持续的职业发展。

最后，ChatGPT 可以在职业培训中促进员工之间的交流与协作。通过创建基于 ChatGPT 的学习社群，员工可以相互分享经验、讨论问题，并在 ChatGPT 的引导下进行协作学习。这种学习方式有助于提高员工的学习兴趣和技能水平，也有利于培养团队合作精神。

以下是一个实例分析，展示了 ChatGPT 在职业培训与技能提升方面的应用。

XYZ 公司是一家软件开发企业，为了提高员工的编程技能和项目管理能力，公司决定开展一系列的培训活动。在制定培训计划时，公司领导与 ChatGPT 进行了交流，根据员工的岗位要求、技能水平和发展目标，为每个员工制定了个性化的培训方案。

在培训过程中，员工们可以向 ChatGPT 请教编程问题和项目管理问题，从而获得及时的解答和指导。同时，ChatGPT 根据每个员工的学习情况，为他们提供个性化的学习资源和建议，帮助员工更有效地掌握所需技能。

培训结束后，ChatGPT 通过对员工的培训成果和实际工作表现进行分析，为企业和个人提供针对性的技能提升建议。这些反馈有助于员工了解自己在培训过程中的优势和劣势，从而制定更合适的职业发展策略。

此外，XYZ 公司还在 ChatGPT 的帮助下创建了一个在线学习社群，让员工可以相互分享经验、讨论问题，并在 ChatGPT 的引导下进行协作学习。这种学习方式不仅提高了员工的学习兴趣和技能水平，还有利于培养团队合作精神。

由此可知，ChatGPT 可以帮助企业和个人制定职业培训方案，提供实时的培训支持，进行技能评估和反馈，以及促进员工之间的交流与协作。

8.2.4　教育评估与反馈

教育评估与反馈是提高教育质量的关键环节，涉及对学生学习成果、教师教学效果等方面的衡量和分析。人工智能技术，特别是像 ChatGPT 这样的语言模型，在教育评估与反馈方面具有显著优势。

首先，ChatGPT 可以辅助进行学生学习成果的评估。通过分析学生的测试成绩、作业表现和学习数据，ChatGPT 可以为教师和学生提供全面、准确的评估结果。这些结果有助于了解学生的知识掌握情况，发现学习困难，从而制定针对性的教学策略和学习计划。

其次，ChatGPT 可以对教师的教学效果进行评估。通过收集学生的反馈意见，分析教学过程中的互动数据，以及比较学生在教学实验中的表现，ChatGPT 可以为教师提供关于教学方法、课程内容和教学资源的改进建议。

再次，ChatGPT 可以用于评估教育项目和课程的质量。通过对教育项目的目标、实施过程和成果进行综合分析，ChatGPT 可以帮助教育机构和学校评估项目的有效性和效益，为进一步优化教育资源提供有力支持。

最后，ChatGPT 可以作为实时反馈工具，帮助学生和教师及时了解学习和教学情况。例如，学生可以通过与 ChatGPT 的交流，获取关于学习方法和进度的建议；教师可以利用 ChatGPT 收集学生的意见和建议，调整教学策略。

8.2.5　教育研究与创新

教育研究与创新是推动教育事业发展的重要力量。人工智能技术，尤其是像 ChatGPT 这样的先进语言模型，在教育研究与创新方面具有巨大潜力。

首先，ChatGPT 可以帮助教育研究者获取研究素材和资料。通过与 ChatGPT 进行交流，研究者可以快速获取与研究主题相关的文献、数据和案例。

其次，ChatGPT 可以协助进行教育政策和课程设计研究。根据教育目标、学生需求和社会发展趋势，ChatGPT 可以为研究者提供关于教育政策制定和课程设计的建议和方案。同时，它还可以分析教育政策和课程设计的实施效果，为进一步优化提供依据。

再次，ChatGPT 可以为教育创新提供灵感和支持。通过分析教育领域的前沿动态和研究成果，ChatGPT 可以为教育机构和学校提供创新思路和实践建议。这些建议有助于推动教育教学方式、评价体系和管理模式的创新。

最后，ChatGPT 可以促进教育研究与创新的交流与合作。通过创建基于 ChatGPT 的研究社群，教育研究者和实践者可以相互分享经验、讨论问题，并在 ChatGPT 的引导下进行协作研究。这种交流方式有助于提高研究质量和创新成果的转化效果。

以下是一个实例分析，展示了 ChatGPT 在教育研究与创新方面的应用。

某教育研究机构希望探索基于 AI 技术的个性化学习方法。在研究过程中，研究团队利用 ChatGPT 获取了大量关于个性化学习和 AI 技术的文献、数据和案例。同时，ChatGPT 还协助团队进行资料整理、分类和分析，提高了研究效率。

在进行教育政策和课程设计研究时，团队根据教育目标、学生需求和社会发展趋势，从 ChatGPT 获取了关于个性化学习政策制定和课程设计的建议和方案。同时，ChatGPT 还分析了这些政策和课程设计的实施效果，为进一步优化提供了依据。

在寻求教育创新方面，团队利用 ChatGPT 分析教育领域的前沿动态和研究成果，为教育机构和学校提供了创新思路和实践建议。这些建议有助于推动教育教学方式、评价体系和管理模式的创新。

最后，为促进教育研究与创新的交流与合作，研究团队创建了一个基于 ChatGPT 的研究社群。在这个社群中，教育研究者和实践者可以相互分享经验、讨论问题，并在 ChatGPT 的引导下进行协作研究。这种交流方式有助于提高研究质量和创新成果的转化效果。

综上，ChatGPT 可以帮助教育研究者获取研究素材和资料，协助进行教育政策和课程设计研究，为教育创新提供灵感和支持，以及促进教育研究与创新的交流与合作。

总之，ChatGPT 在教育与培训应用方面具有广泛的应用前景和巨大的价值。通过与 ChatGPT 的深度交互，教育者、学生和自学者可以获得更有效的学习支持、更丰富的教育资源、更精准的学习评估以及更广泛的教育创新。随着 ChatGPT 技术的不断进步和完善，其在教育与培训领域的潜力将会进一步得到发挥，为人们带来更多惊喜和便利。

8.3 商业与企业应用

在商业和企业领域，ChatGPT 作为一个智能聊天机器人，可以为企业提供高效、智能的客户服务、市场营销和运营支持。下面详细阐述 ChatGPT 在商业和企业领域的具体应用。

8.3.1 客户服务与支持

客户服务与支持是企业经营和发展的关键环节。在这方面，像 ChatGPT 这样的人工智能语言模型可以发挥重要作用。

首先，ChatGPT 可以协助企业构建智能客服系统。通过对大量的历史对话数据和业务知识进行学习，ChatGPT 可以回答客户的咨询、解决问题并提供专业建议。与传统的客服相比，基于 ChatGPT 的智能客服具有响应速度快、准确率高、服务时间长等优势，有助于提高客户满意度。

其次，ChatGPT 可以帮助企业进行客户需求分析和挖掘。通过对客户与智能客服的对话数据进行分析，ChatGPT 可以发现客户的需求、痛点和期望，为企业提供有针对性的市场策略和产品优化建议。

再次，ChatGPT 可以协助企业进行客户关系管理。通过与客户的实时互动，ChatGPT 可以及时收集客户的反馈和建议，帮助企业更好地了解客户需求、改进服务和产品。同时，ChatGPT 还可以根据客户行为和喜好，为企业提供个性化的营销和推广方案。

最后，ChatGPT 可以帮助企业提高客户服务与支持的效率。通过自动处理常见问题和咨询，ChatGPT 可以减轻人工客服的工作压力，让他们专注于处理复杂和高价值的问题。这样一来，企业不仅能够提高客户服务质量，还能降低运营成本。

8.3.2　市场营销与推广

首先，ChatGPT 可以帮助企业进行市场调研与分析。通过学习大量的行业报告、市场数据和竞品信息，ChatGPT 能够为企业提供有关市场趋势、竞争格局、客户需求和消费行为等方面的分析报告，为市场营销策略制定提供依据。

其次，ChatGPT 可以协助企业制定营销策略。根据市场调研与分析结果，ChatGPT 能够为企业提供定位、目标市场、产品组合、价格策略、促销方式等多方面的建议，帮助企业制定更有效的市场营销策略。

再次，ChatGPT 可以帮助企业实现内容营销的智能化。利用自然语言生成能力，ChatGPT 可以为企业创作高质量的广告文案、社交媒体内容、博客文章和电子邮件等营销材料。这些内容不仅吸引人，而且符合企业品牌和市场定位，有助于提高营销效果。

最后，ChatGPT 可以协助企业进行营销效果评估和优化。通过对营销活动的数据进行分析，ChatGPT 能够识别有效的营销策略和手段，为企业提供持续改进的建议。这样一来，企业能够实现营销效果的持续提升，提高投资回报率。

以下是一个实例分析，展示了 ChatGPT 在市场营销与推广方面的应用。

某科技创业公司希望优化其市场营销策略。为此，他们利用 ChatGPT 进行市场调研与分析。通过学习大量的行业报告、市场数据和竞品信息，ChatGPT 为公司提供了有关市场趋势、竞争格局、客户需求和消费行为等方面的分析报告。

在制定营销策略时，ChatGPT 根据市场调研与分析结果，为企业提供了定位、目标市场、产品组合、价格策略、促销方式等多方面的建议。这些建议帮助企业制定了更有效的市场营销策略，以提高其产品的市场份额和品牌知名度。

接下来，企业利用 ChatGPT 的自然语言生成能力，为其创作了一系列高质量的广告文案、社交媒体内容、博客文章和电子邮件。这些内容紧密结合了企业的品牌形象和市场定位，吸引了大量潜在客户的关注。通过内容营销，企业成功地提高了消费者对其产品的认知度和购买意愿。

在营销活动进行期间，企业使用 ChatGPT 对收集到的数据进行分析，以评估各种营销策略的效果。ChatGPT 识别出了有效的策略和手段，为企业提供了持续改进的建议。通过不断优化，企业实现了营销效果的持续提升，提高了投资回报率。

最终，企业在市场上取得了显著的成功。借助 ChatGPT 在市场营销与推广方面的应用，企业成功地拓展了市场，提高了品牌知名度和市场份额。此外，通过 ChatGPT 的智能分析和优化建议，企业实现了营销策略的持续改进，降低了营销成本，提高了投资回报率。

总之，ChatGPT 在市场营销与推广领域的应用具有巨大的潜力。从市场调研与分析、制定营销策略、实现内容营销智能化，到营销效果评估和优化，ChatGPT 都能够为企业提供有力的支持，帮助企业获得竞争优势和拓展市场。随着人工智能技术的不断发展和完善，相信 ChatGPT 在市场营销与推广领域的应用将越发广泛和深入。

8.3.3 数据分析与决策支持

随着大数据时代的到来，企业和组织积累了大量的数据，从而产生了对数据分析与决策支持的需求。在这方面，ChatGPT 作为一种具有高度智能和语言理解能力的技术，可以帮助企业和组织更有效地利用这些数据来优化决策过程，提高工作效率和竞争力。

一方面，ChatGPT 能够对海量数据进行深度挖掘，从中提取出有价值的信息和洞察。它可以将这些洞察呈现给相关决策者，帮助他们发现潜在的机会和风险。例如，对于零售企业，ChatGPT 可以分析消费者的购买行为和喜好，为企业提供有关产品策略、定价策略和市场营销策略的建议。在金融领域，ChatGPT 可以通过分析历史数据和市场动态来为投资者提供有关股票、债券和其他金融产品的投资建议。

另一方面，ChatGPT 可以与其他先进的分析工具和技术相结合，形成一套完整的数据分析与决策支持系统。例如，它可以与机器学习算法、统计模型和数据可视化工具相结合，帮助企业和组织更有效地利用数据来支持决策过程。在供应链管理领域，ChatGPT 可以与先进的预测算法进行结合，帮助企业预测需求变化，从而优化库存管理和物流规划。在人力资源管理领域，ChatGPT 可以与员工满意度调查和绩效评估工具相结合，帮助企业发现员工的需求和潜力，从而制定更有效的培训和激励计划。

为了更具体地说明 ChatGPT 在数据分析与决策支持方面的应用，下面以一个医疗行业的案例进行分析。该医疗机构希望通过分析患者的病历数据来提高诊断准确率和治疗效果。为此，他们采用了 ChatGPT 技术来处理和分析这些数据。

ChatGPT 先对患者的病历数据进行了预处理，包括数据清洗、格式转换和特征提取。然后，它利用自然语言处理技术对病历中的文本信息进行了深度分析，从中提取出了有关病情、诊断和治疗方案的关键信息。最后，ChatGPT结合先进的机器学习算法和统计模型，对这些信息进行了进一步的挖掘和分析，从中发现了一些有关患者病情和治疗效果的潜在规律和关联。

基于这些洞察，ChatGPT为医疗机构提供了一系列有关诊断和治疗的建议。例如，它发现某些病症在特定的年龄段和人群中更为常见，从而帮助医生更准确地判断患者的病情；它发现某些治疗方案对特定类型的患者更有效，从而帮助医生为患者制定更合适的治疗计划。此外，ChatGPT还为医疗机构提供了一些有关患者满意度和治疗风险的反馈，可以帮助医疗机构不断优化诊疗流程和服务质量。

在整个数据分析与决策支持过程中，ChatGPT发挥了关键的作用。它不仅可以高效地处理和分析海量数据，还可以根据具体需求为决策者提供有针对性的建议和反馈。更重要的是，ChatGPT具有良好的自然语言理解能力，可以将复杂的数据分析结果以易于理解的形式呈现给决策者，从而大大提高了决策过程的效率和准确性。

总之，ChatGPT在数据分析与决策支持领域具有巨大的潜力。通过与其他先进的分析工具和技术相结合，它可以帮助企业和组织更有效地利用数据来优化决策过程，提高工作效率和竞争力。

8.3.4　人力资源管理

随着企业规模的扩大和业务的发展，人力资源管理（HRM）的重要性日益凸显。为了应对这一挑战，越来越多的企业开始利用ChatGPT等人工智能技术来优化人力资源管理流程。下面详细介绍ChatGPT在人力资源管理中的具体应用，并结合案例分析来展示其实际效果。

第一，ChatGPT 可以帮助企业在招聘过程中更有效地筛选简历。通过对大量求职者简历进行自然语言处理和分析，ChatGPT 可以迅速识别出符合职位要求的候选人，从而提高招聘效率。例如，某大型科技公司为了筛选出合适的软件工程师候选人，使用 ChatGPT 对数千份简历进行了处理。仅用了几分钟的时间，ChatGPT 成功地为该公司找到了几十位具备所需技能和经验的优秀候选人，极大地节省了人力资源部门的工作时间和成本。

第二，ChatGPT 可以提升员工培训和发展的效果。通过对员工的技能、兴趣和需求进行深入分析，ChatGPT 可以为企业提供定制化的培训计划，从而帮助员工更快地提高自己的职业素质。以某家跨国金融公司为例，他们利用 ChatGPT 设计了一套个性化的培训方案，旨在提高员工的跨文化沟通能力。在完成培训后，员工们普遍反映自己在与来自不同国家和文化背景的同事和客户沟通时更加得心应手，公司整体的业务水平和客户满意度也得到了显著提升。

第三，ChatGPT 可以协助企业进行绩效评估和员工激励。通过对员工的工作表现、成果和反馈进行全面分析，ChatGPT 可以为企业提供更客观、公正的绩效评价结果。同时，它还可以根据员工的具体需求和期望，为企业提供针对性的激励建议，从而提高员工的工作积极性和满意度。例如，某家制造企业在引入 ChatGPT 后，成功地为员工制定了一套更加合理、激励性的薪酬体系。在新薪酬体系实施后，员工们普遍表示对工作更加有信心，企业的整体绩效也有了显著提升。

第四，ChatGPT 可以协助企业进行人才梯队建设和组织架构优化。根据员工的能力、潜力和职业规划，ChatGPT 可以为企业提供合理的晋升建议和人才发展路径。此外，通过对企业内部人力资源状况进行深入分析，ChatGPT 可以为企业提供组织架构调整的建议，从而优化团队配置和工作流程。某家互联网公司就曾依赖 ChatGPT 的分析结果对其研发团队进行了重新调整，结果发现团队协作更加顺畅，项目交付速度和质量都得到了显著提高。

第五，ChatGPT 可以协助企业进行员工关怀和心理健康管理。通过与员工进行自然语言交流，ChatGPT 可以及时了解员工的心理状况和需求，并向企业提供相应的关怀建议。此外，ChatGPT 还可以为员工提供心理健康教育和辅导，从而降低员工的心理压力和职业倦怠。以某家医疗机构为例，他们为员工提供了 ChatGPT 辅助的心理健康支持服务。在使用该服务后，员工普遍表示自己的心理压力得到了有效缓解，工作状态和生活质量也有了明显改善。

综上所述，ChatGPT 在人力资源管理方面具有广泛的应用潜力，可以帮助企业提高招聘效率，优化员工培训和发展，改进绩效评估和激励机制，加强人才梯队建设和组织架构优化以及关注员工心理健康等。通过将人工智能技术融入人力资源管理，企业可以更有效地发挥人力资源的潜能，实现可持续发展。

8.3.5　法律咨询与合同审查

ChatGPT 作为一种人工智能技术，在法律咨询与合同审查领域具有广泛的应用价值。它能为用户提供初步法律意见、法律条款查询、合同条款检查以及修改建议与风险防范等服务，使用户在法律问题和合同签订方面作出更明智的决策。

在法律咨询方面，ChatGPT 能快速理解用户提出的法律问题，并根据其涉及的法律领域给出初步的法律意见。例如，当用户向 ChatGPT 咨询关于劳动合同纠纷的问题时，ChatGPT 能够迅速提供相关法律条款和可能的解决途径。此外，ChatGPT 还能通过检索功能，为用户提供所需的法律条款，帮助用户更好地了解相关法规。

在合同审查方面，ChatGPT 能自动识别合同中的关键条款，如权利义务、违约责任等，并发现潜在的风险，提醒用户在签订合同前进行充分审查。例如，当用户提交一份租赁合同进行审查时，ChatGPT 可以快速识别出合同中的租金、租期、维修责任等关键条款，并指出合同中可能存在的不利条件。

此外，ChatGPT 还能根据用户的需求和法律规定，为合同中的问题条款提供修改建议。同时，它能预测合同内容中可能出现的法律风险，并给出相应的防范措施。例如，在审查一份供应商合同时，ChatGPT 发现合同中的产品质量保证条款过于模糊，为了保障用户的利益，ChatGPT 建议用户增加具体的质量标准和验收程序，并设置明确的违约责任条款。

8.3.6　辅助 AI 绘画

在艺术创作过程中，灵感的激发至关重要。ChatGPT 可以根据艺术家的需求生成各种绘画主题和创意，从而为艺术家提供新的艺术领域。

实例分析：一位插画师通过 ChatGPT 获得了一个独特的插画主题，将科幻与神话元素相结合。在 ChatGPT 的启发下，插画师创作出了一幅生动的作品，受到了观众的好评。

在风格探索方面，ChatGPT 能够理解并分析不同的艺术风格，为艺术家提供合适的绘画风格建议。通过与 ChatGPT 的交流，艺术家可以深入了解某种风格的特点，从而在创作中灵活运用。

实例分析：一位艺术家希望在其作品中融入抽象表现主义的元素，于是向 ChatGPT 咨询相关技巧。ChatGPT 为其提供了一些建议，包括使用大胆的色彩、强烈的笔触和自由的形式等。艺术家遵循这些建议创作出了一幅成功的抽象表现主义作品。

在技巧指导方面，ChatGPT 可以为艺术家提供各种绘画技巧，帮助他们在创作过程中克服困难。从构图、色彩到光线等方面，ChatGPT 都能提供专业的建议。

实例分析：一位水彩画家在创作过程中遇到了关于光线处理的问题。在与 ChatGPT 的交流中，画家得到了解决方案，即通过对比明暗、运用色彩渐变等技巧，使画面更具立体感。最终，画家成功地完成了作品。

此外，作品评估与反馈也是 ChatGPT 的重要应用领域。它能够对艺术家的作品进行客观评估，从不同角度给出反馈意见。这有助于艺术家了解自己作品的优缺点，从而进行改进和完善。

实例分析：一位油画艺术家在创作一幅风景画时，向 ChatGPT 寻求评估和反馈。ChatGPT 指出画面的色彩过于单一，建议艺术家在色彩搭配上进行调整。在采纳了 ChatGPT 的意见后，艺术家的作品的高度得到了显著提升。

以无界 AI 为例，笔者进行了实验，笔者先在无界 AI 上面自己写了描述词："一幅山水画，远处的小河里有一条小船，里面有人，近处是树和山丘"，生成了如图 8-10 所示的画面。

图 8-10　无界 AI 生成的画面

可见这个画面很粗糙，于是笔者用 ChatGPT 将描述词进行了细化："一幅山水画卷，意境悠远，笔墨婉约。画中，蜿蜒的小河宛如一条玉带，源自深山，流经苍翠的林木，继续奔向天际。远方的山丘若隐若现，层峦叠翠，云雾缠绕，彰显着大自然的恢弘气势。小船在静谧的河面上轻盈飘摇，船内人物与周围的山水相互融合，形成一幅和谐共生的画面。绿树掩映着山野，松柏参天，彰显出生机勃勃的自然风光。"于是得到了如图 8-11 所示的画面。

8.3.7　与 Office 的融合应用

Microsoft Office 作为广泛使用的办公软件，包括 Word、Excel、PowerPoint 等多个功能强大的应用程序。将 ChatGPT 与 Office 融合，可以提高工作效率、优化工作流程，并提升用户体验。

图 8-11 无界 AI 借助 ChatGPT 生成的画面

8.3.7.1 ChatGPT 与 Word 融合应用

第一，自动文本生成与编辑。将 ChatGPT 与 Word 融合后，用户可以通过输入关键词或描述需求，让 ChatGPT 自动生成相关文本。同时，ChatGPT 还可以对已有文本进行润色与优化，提升文章质量。

实例分析：一位用户需要撰写一篇关于环保的报告。通过输入关键词"环保""政策""影响"，ChatGPT 自动为用户生成一篇结构合理、观点明确的报告草稿。

第二，智能文档摘要与提取。ChatGPT 可以快速分析文档内容，为用户提供精炼的文档摘要。此外，ChatGPT 还能根据用户需求提取文档中的关键信息，节省阅读时间。

实例分析：在审阅一份长篇研究报告时，用户要求 ChatGPT 生成一个简要的摘要。ChatGPT 迅速提炼出报告的核心观点和结论，帮助用户快速了解报告内容。

8.3.7.2　ChatGPT 与 Excel 融合应用

第一，自动数据分析与报告生成。将 ChatGPT 与 Excel 融合后，用户可以通过简单的指令让 ChatGPT 自动分析数据表格，并生成相应的数据报告。这一功能可以节省大量手动分析数据的时间，提高工作效率。

实例分析：一位用户需要分析一张销售数据表格，通过输入指令"生成销售报告"，ChatGPT 自动对数据进行分析，并生成一份包含关键指标、趋势和建议的销售报告。

第二，智能预测与模型构建。ChatGPT 可以根据历史数据进行智能预测，帮助用户了解未来趋势。同时，ChatGPT 可以协助用户构建数据模型，以支持决策制定。

实例分析：一位用户希望预测未来三个月的库存需求。通过分析过去的销售数据，ChatGPT 生成了一个预测模型，并为用户提供了未来三个月的库存需求预测。

8.3.7.3　ChatGPT 与 PowerPoint 融合应用

第一，自动演示稿生成。将 ChatGPT 与 PowerPoint 融合后，用户可以通过提供主题和关键词，让 ChatGPT 自动生成内容丰富、结构清晰的演示稿。这一功能可以减轻用户在制作演示稿时的负担，提高工作效率。

实例分析：一位用户需要准备一场关于市场营销策略的演讲。通过输入关键词"市场营销策略""案例分析"，ChatGPT 自动为用户生成了一份包含市场营销策略理论和实际案例的演示稿。

第二，演示设计建议与优化。ChatGPT 可以为用户提供演示设计建议，如颜色搭配、布局、字体等。同时，ChatGPT 可以分析已有的演示稿，指出存在的问题和改进空间，提升演示效果。

实例分析：一位用户提交了一份产品发布会的演示稿，希望获得设计建议。ChatGPT 分析后建议用户使用品牌色调、清晰的布局和易读的字体，以提升观众的关注度和理解度。

综上所述，将 ChatGPT 与 Office 融合应用，可以为用户带来诸多便利。无论是文档撰写、数据分析还是演示制作，ChatGPT 都能为用户提供智能化、高效的支持。未来，随着人工智能技术的不断发展，相信 ChatGPT 与 Office 融合应用将更加成熟，并为用户带来更多价值。

第 9 章

未来对话质量的极限测试：
ChatGPT评估与评价

ChatGPT评估与评价

9.1　性能指标与评估方法概述

本节将详细讨论评估 ChatGPT 性能的指标和方法。评估一个对话系统的性能是至关重要的，因为这有助于开发人员了解其在各个方面的表现，从而为优化和改进提供有价值的反馈。

9.1.1　性能指标

评估聊天机器人性能的指标可以分为以下几类。

一是准确性：衡量聊天机器人回答问题的准确程度。一个高准确性的对话系统能够准确理解用户的输入，并给出合适的回答。

二是响应时间：衡量聊天机器人产生回应所需的时间。在许多情况下，用户期望得到快速的回应，因此响应时间是一个重要的指标。

三是可扩展性：衡量聊天机器人处理大量并发用户请求的能力。一个具有高可扩展性的对话系统可以在高负载下保持良好的性能。

四是语义一致性：衡量聊天机器人的回应在语义上是否一致。一个具有高语义一致性的对话系统可以保持话题的一致性，并避免在对话中出现语义不一致的回应。

五是适应性：衡量聊天机器人根据用户输入调整回应的能力。一个具有高适应性的对话系统能够根据用户的需求和反馈进行实时调整，以提供更满意的回应。

9.1.2　评估方法

9.1.2.1　自动评估方法

自动评估是一种利用计算机程序自动评估聊天机器人回应的方法。自动评估方法的优点是评估过程快速且成本低，但可能无法充分捕捉到语义和情感的差异。

常见的自动评估指标如下。

BLEU（bilingual evaluation understudy）：衡量生成文本与参考文本之间的 n-gram 重合度。尽管在机器翻译领域广泛使用，但在对话系统中，BLEU 得分可能并不能完全反映系统的质量。

ROUGE(recall-oriented understudy for gisting evaluation)：评估生成文本在参考摘要中的召回率。在评估对话系统时，需要谨慎使用 ROUGE，因为生成的回复与参考回复可能在意义上相似，但在词汇上差异较大。

METEOR（metric for evaluation of translation with explicit ordering）：结合了准确率、召回率和 n-gram 匹配的加权 F_1 分数。METEOR 在对话系统评估中可能比 BLEU 和 ROUGE 更具鲁棒性。

9.1.2.2　人工评估方法

人工评估是一种通过让人类评估员对聊天机器人的回应进行评分的方法。评估员根据预先设定的评分标准对聊天机器人的回应进行评分。这种方法可以捕捉到细微的语义差异和情感表达，但缺点是自动评估指标可能无法充分捕捉生成回复的质量和多样性，且评估过程耗时、成本较高。

人工评估方法包括如下几个方面。

一是直接评分：邀请评估者根据既定的评分标准对生成的回复进行评分。评分标准可以包括相关性、语法正确性、逻辑性和流畅性等。

二是排序：邀请评估者对多个生成回复进行排序，以评估哪个回复在质量上更优。

三是 A/B 测试：对系统的不同版本或参数进行实验，观察用户和评估者的反馈，以确定哪个版本表现更佳。

9.1.2.3　混合评估方法

混合评估方法结合了自动评估指标和人工评估方法，以便在评估过程中取长补短。例如，可以使用自动评估指标进行初步筛选，然后邀请人工评估者对筛选后的回复进行详细评估。混合评估方法的主要优势在于可以更全面地评估聊天机器人的性能，同时减轻人工评估者的工作负担。

混合评估作为一种评估方法，已经在许多自然语言处理任务中得到了广泛应用，如对话系统、机器翻译以及情感分析等。混合评估的核心思想是将人工评估和自动评估相结合，发挥两者的优势，从而获得更全面、准确和高效的评估结果。

在混合评估过程中，可以采用以下策略。

一是分层评估：将待评估的数据分为若干层次，对于关键和复杂的部分使用人工评估，对于较为简单和规模较大的部分使用自动评估。这样可以在确保评估质量的同时降低评估成本。

二是交叉验证：将人工评估和自动评估的结果进行交叉验证，以发现可能存在的问题和不足。例如，如果自动评估结果与人工评估结果存在较大差异，则可以深入分析原因，并针对性地改进评估方法或模型本身。

三是动态调整：根据评估过程中的反馈，动态调整人工评估和自动评估的权重和比例。这可以帮助人们在不同阶段和场景下找到最佳的评估策略。

四是持续优化：在混合评估过程中，要不断优化和改进评估方法，以适应模型和任务的发展。例如，随着模型性能的提高，要更新人工评估的指标和标准，以更好地捕捉模型的优势和不足。此外，还可以尝试引入新的自动评估方法，以提高评估的准确性和效率。

五是结果整合：将人工评估和自动评估的结果进行整合，以得到一个综合评分。这可以帮助人们更全面地评估模型性能，同时为模型优化提供有力支持。

六是反馈机制：建立有效的反馈机制，将评估结果和建议及时反馈给模型开发和优化团队。这可以帮助团队更好地了解模型在实际应用中的表现，从而有针对性地进行优化和改进。

通过实施这些策略，混合评估可以在保证评估质量的同时，有效降低评估成本和时间。这将有助于人们在模型开发和优化过程中作出更明智的决策，从而提高模型的性能和用户体验。

9.1.3　评估样本选择与构建

评估聊天机器人性能的一个重要环节是选择和构建评估样本。评估样本应当具有以下特点。

一是多样性：确保样本涵盖不同的领域、话题和情境，以便更全面地评估聊天机器人的性能。

二是难度：包含不同难度级别的问题和对话，以测试聊天机器人在各种情况下的应对能力。

三是代表性：确保样本具有代表性，能够反映实际用户在与聊天机器人互动时可能遇到的问题和需求。

构建评估样本时，可以从以下来源获取数据。

一是现有对话数据集：从公开的对话数据集中选择样本，如Persona-Chat、ConvAI等。

二是众包平台：通过众包平台收集真实用户与聊天机器人的互动数据，以构建评估样本。

三是用户日志：从实际用户与聊天机器人的互动日志中抽取样本，确保隐私和伦理原则得到遵守。

总之，评估聊天机器人性能的关键在于选择合适的性能指标和评估方法，并构建具有多样性、难度和代表性的评估样本。通过混合使用自动评估指标和人工评估方法，可以更全面地评估聊天机器人的性能，为未来的改进和发展提供有价值的反馈。

9.1.4 操作过程

有效地评估 ChatGPT 的性能还需要遵循一定的操作过程。下面是一个典型的评估过程。

一是数据准备：首先，要收集一组用于评估的对话数据。这些数据可以是现实世界中的对话记录，也可以是专门为评估目的而设计的对话场景。并且，要确保这些数据包含多样性和具有代表性的对话内容，以便更全面地评估 ChatGPT 的性能。

二是聊天机器人测试：将这组对话数据输入 ChatGPT 中，并收集其回应。要确保聊天机器人在测试过程中使用了适当的配置，以便获得最佳性能。

三是评估方法选择：根据评估目标和资源限制，选择合适的评估方法，如人工评估、自动评估或混合评估。

四是评估执行：根据选择的评估方法，对 ChatGPT 的回应进行评分。在人工评估中，要邀请评估员对回应进行评分；在自动评估中，要使用相应的算法和工具进行评分；在混合评估中，要同时进行人工评估和自动评估。

五是结果分析与改进：分析评估结果，识别 ChatGPT 在哪些方面表现良好，以及在哪些方面需要改进。最后根据分析结果采取相应的措施优化和改进 ChatGPT 的性能。

9.1.5　改进措施

一是优化模型架构和参数：为了降低响应时间，可以考虑优化模型的架构和参数，以提高计算效率。例如，可以尝试减小模型的层数，或者采用知识蒸馏等技术来压缩模型。

二是领域微调：为了提高 ChatGPT 在特定领域的性能，可以对模型进行领域微调。具体来说，可以使用领域相关的对话数据来对模型进行迁移学习，以便让模型更好地适应特定领域的需求。

三是引入领域专家知识：可以考虑与领域专家合作，让他们为 ChatGPT 提供专业知识和指导。例如，可以邀请客户支持专家参与模型的训练和微调过程，以便更好地捕捉领域相关的知识和技巧。

四是实时反馈和调整：为了提高 ChatGPT 的适应性，可以在对话过程中收集用户的反馈，并根据反馈实时调整模型的行为。例如，可以引入一个反馈机制，让用户对聊天机器人的回应进行评分，然后使用这些评分来更新模型的参数。

总之，性能评估是一个关键的过程，可以帮助人们了解 ChatGPT 在各个方面的表现，并为优化和改进提供有价值的反馈。通过遵循一定的操作过程并结合实际案例，可以有效地评估 ChatGPT 的性能，并根据评估结果采取相应的改进措施。

在继续对 ChatGPT 进行优化和改进之后，可以进行更多的评估和测试，以确保所做的改进对模型性能产生了积极的影响。可以采取以下措施来进一步加强评估和测试。

一是分析错误类型：要对在评估过程中发现的错误进行深入分析，以了解产生这些错误的根本原因，从而更有针对性地优化模型，并确保模型在类似场景下不再犯错。

二是扩展测试数据集：为了更全面地评估 ChatGPT 的性能，可以考虑扩展测试数据集，包括不同类型的对话场景、多样化的用户群体和各种应用环境。这将有助于人们检验模型在各种情况下的鲁棒性和适应性。

三是长期监测与评估：在模型部署后，要进行长期的监测和评估，以确保模型能够持续提供高质量的服务。可以定期收集用户反馈和评分，以便及时发现和解决潜在问题。

四是引入新评估指标：随着 AI 技术和评估方法的不断发展，可以考虑引入新的评估指标，以便更全面地评估 ChatGPT 的性能。例如，可以引入一些度量模型创新性和多样性的指标，以评估模型在生成新颖回应方面的能力。

五是社会影响评估：除了技术性能指标外，还要关注 ChatGPT 对社会和用户的影响。可以进行用户满意度调查，分析模型在公共利益和道德伦理方面的表现，以确保模型能够在遵循道德准则的同时为用户提供有价值的服务。

这些措施有助于人们持续优化和改进模型，以满足不断变化的用户需求和应用场景。在未来的发展中，相信 ChatGPT 能够在多领域和多语言环境下提供更高质量的服务，并为人机交互带来更多的创新和突破。

9.2　系统准确性与可靠性评估

评估聊天机器人的准确性和可靠性是衡量其能否提供正确、一致且有效回复的关键。下面是评估准确性和可靠性的方法。

9.2.1　准确性评估

准确性是指聊天机器人生成的回复是否与给定问题的正确答案相符。对于事实性问题和特定任务，准确性可以通过比较生成回复与事实答案进行评估。常见的准确性指标如下。

一是准确率：生成的正确回复数量占总回复数量的比例。

二是错误率：生成的错误回复数量占总回复数量的比例。

为了评估准确性，最常用的是以下两种方法。

一是标准测试集：通过构建一个包含各种主题和问题的标准测试集，可以评估 ChatGPT 在回答这些问题时的准确性。这些问题应涵盖常见的知识领域，以评估系统在各个方面的性能。

二是人工评估：人工评估是评估准确性的一种直接方法。评估人员通常会根据预先设定的指标和标准对模型生成的回应进行评价。这些预先设定指标可能如下。

第一，语法正确性：判断回应是否符合语法规则，表达是否清晰、流畅。

第二，信息准确性：判断回应中的信息是否正确、可靠。

第三，逻辑连贯性：判断回应是否与上下文保持一致、逻辑清晰。

第四，情感一致性：判断回应是否符合用户的情感需求、表达得当。

评估人员可以为每个指标打分，然后将各项分数汇总得到一个综合评分。这可以帮助人们更全面地了解模型的准确性表现。

当然，自动评估与混合评估也适用于准确性评估，在此不再赘述。

9.2.2 可靠性评估

可靠性是指聊天机器人在不同情况下的表现一致性。评估可靠性的方法如下。

一是可重复性测试：对相同的输入问题进行多次查询，以检查ChatGPT是否能够一致地生成相同或相似的答案。较高的可重复性意味着更高的可靠性。

二是异常检测：对ChatGPT输入一些不常见或具有挑战性的问题，以评估其在非典型情况下的性能。这有助于了解系统在处理边缘案例时的可靠性。

三是鲁棒性测试：鲁棒性测试是一种评估模型在异常输入和噪声干扰下的稳定性和可靠性的方法。在测试过程中，可以向模型输入一系列包含语法错误、错别字或其他异常情况的文本，观察模型是否能够有效地处理这些问题，生成合理的回应。例如，可以输入"你知道蓝色的大象的颜色是什么吗？"观察模型是否能够正确回答"蓝色"。一个具有较高鲁棒性的系统应能够在此类情况下生成合理的回答。鲁棒性测试有助于人们了解模型在面对实际应用中的各种挑战时的表现。

四是压力测试：压力测试是评估模型在高负载条件下的性能和可靠性的方法。在压力测试中，可以模拟大量用户同时使用聊天机器人的情况，观察模型在处理大量请求时的响应速度和准确性。此外，还可以模拟长时间持续使用的场景，以评估模型在不断变化的环境中的稳定性和可靠性。

五是跨领域和多语言测试：聊天机器人在不同领域和语言环境下的可靠性也是一个重要的评估因素。例如，可以设计一个英语问答任务和一个法语翻译任务，观察模型在这些任务上的表现。这有助于人们了解模型在实际应用中的适应性和可靠性。

六是长期追踪评估：长期追踪评估意味着在模型发布后，持续对其性能进行监控和评估。这包括定期收集用户反馈、分析系统日志和监控系统性能等。长期追踪评估有助于人们及时发现和解决问题，确保模型在实际应用中的可靠性。例如，可以通过用户调查和在线评分系统收集用户对模型的满意度评价，以便及时发现问题并进行优化。

9.3　自然语言生成质量评价

自然语言生成质量是衡量聊天机器人生成回复的流畅性、语法正确性和可理解性的指标。下面是评估自然语言生成质量的方法。

9.3.1　语法正确性

语法正确性是评价自然语言生成（NLG）质量的重要方面，它指的是生成回复的语法结构是否符合语言规范。保证语法正确性对于生成易于理解和表达清晰的文本至关重要。评估语法正确性的方法主要包括语法错误检测和人工评分。

9.3.1.1 语法错误检测

语法错误检测主要依赖于自动语法检查工具，这些工具可以帮助人们快速发现生成文本中的语法问题。下面是一些常见的语法检查工具。

一是 Grammarly：Grammarly 是一款流行的在线语法检查工具，可以检测英语文本中的语法错误、拼写错误和标点符号错误。Grammarly 还可提供实时修改建议和详细解释，帮助用户改善写作质量。

二是 LanguageTool：LanguageTool 是一款支持多种语言的开源语法检查工具。它可以检测文本中的语法错误、拼写错误和语言风格问题。

三是 Ginger：Ginger 是一款针对非母语英语用户的语法检查工具。它可以检测文本中的语法错误、拼写错误和标点符号错误，并提供修改建议。

使用这些工具，人们可以发现生成文本中的语法错误，并据此评估 NLG 系统的语法正确性。需要注意的是，自动语法检查工具可能无法覆盖所有类型的语法错误，因此可能需要与人工评分相结合以获得更全面的评价结果。

9.3.1.2 人工评分

人工评分是通过邀请评估人员对生成回复的语法正确性进行主观评价的方法。在进行人工评分时，可以采用以下策略。

一是设计评分标准：为确保评分的准确性和可靠性，要制定明确的评分标准。例如，可以将语法错误分为不同的类别，如主谓一致错误、时态错误、标点符号错误等，并为每种错误分配相应的权重。

二是培训评估人员：在评分过程中，评估人员需要充分了解评分标准，并能准确地识别和评价各类语法错误。为此，可以对评估人员进行培训，确保他们能够准确理解并执行评分标准。

三是多人评分：为降低评分中的主观性，可以采用多人评分并取平均分的方式进行评估。这有助于提高评价结果的稳定性和可靠性。

通过综合运用自动语法错误检测和人工评分，人们可以全面评估自然语言生成系统的语法正确性。评估结果可用于识别和解决系统中存在的语法问题，从而提高生成文本的质量和易读性。

但是，在实际应用中，自动语法错误检测和人工评分通常需要结合使用，以获得更准确的评价结果。下面是结合这两种方法的策略。

一是分阶段评估：首先，使用自动语法检查工具对生成文本进行快速评估，发现明显的语法错误；其次，通过人工评分进一步确认和评价这些错误，以及自动工具可能漏检的错误。

二是定期检查：定期使用自动语法检查工具检测生成文本的语法错误，以便及时发现并解决问题。同时，可以定期邀请评估人员对生成文本进行人工评分，以确保系统持续保持较高的语法正确性。

三是深入分析：结合自动检测和人工评分的结果，对生成文本中的语法错误进行深入分析。这有助于了解自然语言生成系统在语法方面的优缺点，从而为优化提供有力依据。

9.3.2　流畅性与可理解性

流畅性与可理解性在自然语言生成质量评价中占据重要地位。一个流畅且易于理解的生成回复不仅能让用户感到舒适，还能有效提高用户对生成内容的信任度。

9.3.2.1　人工评分

邀请一组评估者对生成回复进行评分，可以提供关于流畅性和可理解性的直接反馈。评估者可以根据一定的评分标准，如 1～5 分（其中

1分表示"非常差"，5分表示"非常好"），对生成回复的流畅性和可理解性进行评分。为了确保评估结果的有效性和可靠性，评估者需要接受相关培训，以便准确地理解并执行评价标准。

9.3.2.2　读易性指数

读易性指数是一种自动度量方法，可以用于评估生成回复的阅读难度。例如，Flesch-Kincaid读易性指数根据文本中的句子长度和单词长度来计算阅读难度。这种方法可以为开发者提供有关生成回复流畅性和可理解性的量化信息，帮助他们了解系统在这些方面的表现。

9.3.2.3　结合人工评分和读易性指数

为了获得更全面的评估结果，可以结合人工评分和读易性指数对生成回复的流畅性和可理解性进行评价。人工评分可以捕捉到细微的语言差异和情感信息，而读易性指数可以提供关于阅读难度的量化度量。通过对比这两种评估方法的结果，开发者可以更精确地了解生成回复在流畅性和可理解性方面的优势和不足。

9.3.3　一致性与相关性

一致性是指生成回复在话题、情感和语境等方面与输入文本保持一致。相关性是指生成回复是否与输入文本的主题和意图密切相关。

一是通过对话历史进行评估：为了评估生成回复的一致性和相关性，可以邀请评估者仔细阅读对话历史并对生成回复进行评价。评估者需要关注生成回复是否在话题、情感和语境等方面与输入文本保持一致，以及生成回复是否与输入文本的主题和意图密切相关。

二是根据场景设计评估标准：针对不同场景的对话，可以设计不同的一致性和相关性评估标准。例如，在客户服务场景中，回复需要紧密围绕客户问题进行解答；在闲聊场景中，回复可以更为灵活，但仍需保持与输入文本的话题和情感一致。

三是设立多维度评价体系：在评估一致性和相关性时，可以设立多维度的评价体系。例如，可以分别对话题一致性、情感一致性、语境一致性和主题相关性进行评分。这有助于更细致地分析生成回复的表现，并针对性地进行优化。

四是优化生成策略：根据一致性和相关性评估结果，开发者可以对自然语言生成系统的策略进行优化。例如，可以加强系统对话题和情感的把握能力，提高回复的一致性；又如，可以通过优化模型结构和训练数据，使生成回复更加贴近输入文本的主题和意图，从而提高相关性。

五是结合人工评分和自动评估：虽然自动度量方法（如 BLEU、ROUGE 等）可以快速评估生成回复与参考回复之间的相似性，但可能无法完全捕捉一致性和相关性的细微差别。因此，在评估过程中，结合人工评分和自动评估是非常重要的。这样可以在保证评估效率的同时，确保评估结果的准确性和可靠性。

9.3.4　逻辑性与合理性

逻辑性是指生成回复在内部逻辑和推理方面是否合理。合理性是指生成回复是否符合现实世界的常识和事实。评估逻辑性和合理性的方法如下。

一是设立评估指标与评分标准：为了系统地评估逻辑性和合理性，需要设立明确的评估指标和评分标准。评估指标可以包括生成回复的内部逻辑、推理过程、现实世界常识和事实准确性等。评分标准可以从 1

到 5 或其他范围设定，以量化地反映聊天机器人在逻辑性和合理性方面的表现。

二是人工评分流程：邀请具有一定领域知识和语言能力的评估者对生成回复进行逐条评估。评估者需要仔细阅读回复内容，判断其在逻辑性和合理性方面是否达标。评估过程中，评估者可以根据实际情况给予建议和反馈，为优化聊天机器人提供宝贵意见。

三是利用知识图谱辅助评估：知识图谱是一种结构化的知识表示方式，能够为评估提供丰富的事实和常识信息。通过将生成回复与知识图谱进行比较，可以评估回复在事实和常识方面的准确性。此外，知识图谱还能帮助发现生成回复中的逻辑矛盾和不合理之处。

四是针对不同场景和领域进行评估：在评估逻辑性和合理性时，需要考虑不同场景和领域的特点。例如，在问答场景中，回复需要具备较强的事实准确性和推理能力；在闲聊场景中，回复虽然可以更为灵活，但仍需保持内部逻辑的合理性。此外，不同领域的专业性也会影响评估过程，评估者需要具备相应的背景知识。

五是整合评估结果并优化聊天机器人：根据逻辑性和合理性的评估结果，开发者可以对聊天机器人进行针对性的优化。例如，可以改进模型的知识获取和推理能力，提高生成回复的逻辑性；可以对训练数据进行筛选和清洗，提高生成回复的合理性。

9.4 多样性与创新性评估

在聊天机器人领域，多样性和创新性是两个重要的评估指标。多样性指的是聊天机器人在不同场景下的应对能力，而创新性则关注聊天机器人是否能够提供独特的观点或新颖的解决方案。本节将介绍如何评估聊天机器人的多样性和创新性。

9.4.1　多样性评估

一是人工评分：评估者可以根据聊天机器人在多个场景下的回复变化来评分，以衡量其多样性。

二是自动评估：计算生成回复之间的词汇多样性和句子多样性。例如，使用词汇丰富度指标。

三是数据驱动评估：对比聊天机器人在处理不同任务和领域数据时的表现，以评估其多样性。

9.4.2　创新性评估

一是人工评分：邀请评估者根据聊天机器人回复的创新性对其进行评分。

二是自动评估：可以采用一些度量方法，如计算生成回复与参考回复的语义相似度，评估回复的创新性。

三是对比实验：通过对比聊天机器人与其他同类产品在同一任务上的表现，评估其创新性。

9.4.3　多样性与创新性的平衡

在评估聊天机器人的多样性和创新性时，需要关注它们之间的平衡。过度追求多样性可能导致回复过于泛化，缺乏针对性；而过度追求创新性可能导致回复过于特异，难以理解。因此，在评估中要同时关注两者的平衡。

9.4.4　多样性与创新性的实际应用案例

一是客户支持：在客户支持场景中，多样性和创新性有助于聊天机器人更好地处理不同客户的问题，为客户提供满意的解决方案。

二是教育辅导：在教育辅导场景中，多样性和创新性可以帮助聊天机器人根据学生的需求提供个性化的教学支持。

三是新闻推荐：在新闻推荐场景中，多样性和创新性有助于聊天机器人向用户推荐更丰富、更具针对性的新闻内容。

四是语言学习：在语言学习场景中，多样性和创新性可以帮助聊天机器人提供更加生动有趣的学习材料，激发学习者的学习兴趣。

五是娱乐互动：在娱乐互动场景中，多样性和创新性可以帮助聊天机器人为用户提供更加丰富的娱乐体验，满足不同用户的需求。

9.4.5　面临的挑战与未来展望

一是模型泛化能力的提升：提高聊天机器人的多样性和创新性需要增强其泛化能力，以便更好地处理各种任务和领域。

二是数据驱动优化：未来可以通过不断积累数据，挖掘聊天机器人在实际应用中的优劣势，进一步优化多样性和创新性。

三是可解释性与可控性：提高聊天机器人的多样性和创新性同时，需要关注其可解释性和可控性，确保聊天机器人的行为符合人类的预期和价值观。

四是人工智能伦理：在追求多样性和创新性的过程中，应关注聊天机器人可能带来的伦理问题，如信息过滤、隐私保护等。

本节对聊天机器人的多样性和创新性进行了深入探讨，介绍了评估方法、应用案例以及未来展望。在未来的发展过程中，多样性和创新性将是聊天机器人领域不断追求的目标。通过不断改进和优化，相信聊天机器人将为人们的生活带来更多便捷和价值。

9.5　用户满意度与实用性评估

用户满意度和实用性是评估聊天机器人性能的重要指标。本节将探讨如何评估聊天机器人的用户满意度和实用性，以确保聊天机器人在实际应用中能够为用户带来价值。

9.5.1　用户满意度评估

用户满意度是衡量用户对聊天机器人的整体满意程度的指标。下面是评估用户满意度的方法。

一是调查问卷：通过设计调查问卷，收集用户对聊天机器人的满意度评分和反馈意见。

二是在线评分：在聊天机器人的应用场景中，可以设置在线评分功能，让用户对聊天机器人的回复进行实时评分。

三是用户采访：邀请用户参与面对面或远程的采访，了解他们对聊天机器人的满意度以及使用体验。

9.5.2　实用性评估

实用性是指聊天机器人在解决用户问题或满足用户需求方面的实际效果。下面是评估聊天机器人实用性的方法。

一是任务成功率：通过设计具有明确目标的任务，评估聊天机器人在完成任务方面的成功率。

二是人工评分：邀请评估者根据聊天机器人回复的实用性对其进行

评分。

三是用户反馈：收集用户在使用聊天机器人过程中的反馈，了解聊天机器人在实际应用中的实用性表现。

9.5.3　用户满意度与实用性的关联

用户满意度与实用性之间存在密切关系。实用性较高的聊天机器人通常能够获得较高的用户满意度。然而，用户满意度并非仅取决于实用性，还与用户体验、回复速度、界面设计等因素密切相关。

9.5.4　用户满意度与实用性在不同应用场景中的表现

一是客户支持：在客户支持场景中，用户满意度和实用性主要体现在聊天机器人能否有效地解决用户问题，提供准确的解答。

二是教育辅导：在教育辅导场景中，用户满意度和实用性主要体现在聊天机器人能否根据学生需求提供个性化教学支持，提高学习效果。

三是语言学习：在语言学习场景中，用户满意度和实用性主要体现在聊天机器人能否帮助学习者提高语言能力，提供有趣且实用的学习材料。

四是娱乐互动：在娱乐互动场景中，用户满意度和实用性主要体现在聊天机器人能否提供丰富多样的娱乐内容，增强用户沉浸感和参与度。

五是新闻推荐：在新闻推荐场景中，用户满意度和实用性主要体现在聊天机器人能否根据用户兴趣推荐相关且有价值的新闻资讯。

9.5.5　面临的挑战与未来展望

一是个性化需求：随着用户需求日益多样化，聊天机器人需要提高对个性化需求的满足程度，以提高用户满意度和实用性。

二是用户体验优化：优化聊天机器人的交互设计、回复速度和界面美观等方面，以提高用户满意度。

三是数据保护与隐私：在提高用户满意度和实用性的过程中，聊天机器人需要关注数据保护和隐私问题，确保用户信息安全。

四是模型可解释性与可控性：提高聊天机器人的可解释性和可控性，以便更好地满足用户需求并提高用户满意度。

9.6　跨领域与多语言支持评价

聊天机器人在现实应用中面临着多种任务和领域的挑战，同时需要支持不同的语言。本节将探讨如何评估聊天机器人在跨领域和多语言支持方面的性能。

9.6.1　跨领域支持评价

跨领域支持是指聊天机器人在不同任务和领域中的适用性和灵活性。下面是评估聊天机器人跨领域支持的方法。

一是任务成功率：设计多个涵盖不同领域的任务，评估聊天机器人在完成这些任务方面的成功率。

二是人工评分：邀请评估者针对不同领域的对话内容对聊天机器人进行评分，以评估其在各个领域的表现。

三是用户反馈：收集用户在使用聊天机器人过程中的反馈，了解聊天机器人在实际应用中的跨领域表现。

9.6.2　多语言支持评价

多语言支持是指聊天机器人能够理解和生成不同语言的对话内容。下面是评估聊天机器人多语言支持的方法。

一是翻译任务评估：设计多语言翻译任务，评估聊天机器人在完成翻译任务方面的准确性和流畅性。

二是人工评分：邀请多语言评估者针对不同语言的对话内容对聊天机器人进行评分，以评估其针对不同语言的表现。

三是用户反馈：收集使用不同语言的用户在使用聊天机器人过程中的反馈，了解聊天机器人在实际应用中的多语言支持表现。

9.6.3　跨领域与多语言支持的关联

跨领域支持和多语言支持之间存在密切关系。聊天机器人在不同领域的应用场景中，需要处理多种语言的对话内容。同时，聊天机器人的多语言支持能力也将影响其在跨领域应用中的表现。

9.6.4　跨领域与多语言支持在不同应用场景中的表现

一是客户支持：在客户支持场景中，聊天机器人需要处理多个领域的问题，同时支持不同语言的用户。

二是教育辅导：在教育辅导场景中，聊天机器人需要支持多个学科领域的教学内容，同时为来自不同语言背景的学生提供帮助。

三是语言学习：在语言学习场景中，聊天机器人需要具备多语言支持能力，以帮助学习者提高目标语言的听、说、读、写能力。

四是娱乐互动：在娱乐互动场景中，聊天机器人需要理解和生成多个领域的娱乐内容，同时支持不同语言的用户进行互动。

五是新闻推荐：在新闻推荐场景中，聊天机器人需要提供涵盖多个领域的新闻资讯，同时支持多种语言的内容推送。

9.7　社会影响与公共利益评估

在评估聊天机器人的性能时，除了关注其技术指标和实际应用效果，还需要考虑其对社会和公共利益的影响。本节将探讨如何评估聊天机器人在社会影响和公共利益方面的表现。

9.7.1　社会影响评估

社会影响是指聊天机器人在广泛应用中对社会产生的积极或消极影响。下面是评估聊天机器人社会影响的方法。

一是影响研究：通过开展实证研究，分析聊天机器人在各个应用场景中对用户行为、心理、经济等方面的影响。

二是人工评分：邀请评估者根据聊天机器人在不同应用场景中的社会影响对其进行评分。

三是用户反馈与调查：收集用户在使用聊天机器人过程中的反馈和建议，通过问卷调查等方法了解聊天机器人在实际应用中的社会影响。

9.7.2　公共利益评估

公共利益是指聊天机器人在广泛应用中对公共利益产生的贡献。下面是评估聊天机器人公共利益的方法。

一是公共利益指标：设计针对公共利益的评估指标，如提高教育质量、缩小数字鸿沟、促进经济发展等。

二是影响研究：通过开展实证研究，分析聊天机器人在实际应用中对公共利益产生的贡献。

三是人工评分：邀请评估者根据聊天机器人在不同应用场景中的公共利益贡献对其进行评分。

9.7.3 社会影响与公共利益的关联

社会影响和公共利益之间存在密切关系。聊天机器人在实际应用中产生的社会影响，可能直接或间接地影响公共利益。因此，在评估聊天机器人的性能时，需要综合考虑社会影响和公共利益两个方面的表现。

第 10 章

人机交互新时代的瓶颈与突破：
ChatGPT的潜在挑战与未来展望

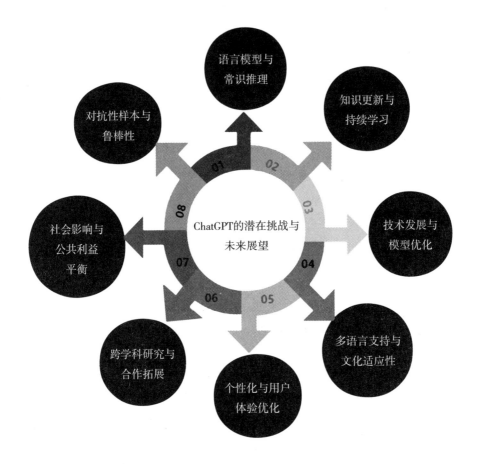

10.1 对抗性样本与鲁棒性

10.1.1 对抗性样本的挑战

对抗性样本是一种经过精心设计的输入，旨在使机器学习模型产生错误或意料之外的输出。聊天机器人在面对这些对抗性样本时可能会产生意料之外的回应，这可能导致性能下降和安全风险。例如，对抗性样本可能会使聊天机器人产生不恰当、不准确或具有攻击性的回答，从而损害用户体验和信任度。

10.1.2　鲁棒性提升方法

为了提高聊天机器人面对对抗性样本的鲁棒性，可以采用以下方法。

一是对抗性训练：对抗性训练是一种通过在训练过程中引入对抗性样本来增强模型鲁棒性的方法。这种方法可以帮助模型更好地识别和应对潜在的对抗性攻击。然而，对抗性训练可能会增加模型训练的时间和计算资源消耗。

二是数据增强：数据增强是一种通过对训练数据进行变换和扩充来增加模型泛化能力的方法。在聊天机器人的训练中，可以通过引入噪声、替换单词或短语、改变语法结构等方式，生成对抗性样本并将其添加到训练数据中。这有助于提高模型对不同类型对抗性样本的鲁棒性。

三是模型结构优化：优化聊天机器人的模型结构可以提高其对抗性样本的抵抗能力。例如，可以通过引入注意力机制、增加模型深度、使用更复杂的卷积和循环结构等方法，提高模型的表示和推理能力，使其更能应对对抗性样本带来的挑战。

四是集成学习：集成学习是一种将多个模型的预测结果结合起来以提高性能的方法。在聊天机器人中，可以通过集成不同的模型来提高对抗性样本的鲁棒性。这是因为不同的模型可能对不同类型的对抗性样本具有不同的抵抗能力，将多个模型的预测结果结合起来可以提高整体的鲁棒性。

五是实时检测与防御：在聊天机器人的应用中，可以通过实时监控输入并检测潜在的对抗性样本来防止对抗性攻击。这可以通过使用异常检测算法、关键词过滤和模式匹配等方法来实现。一旦检测到潜在的对抗性样本，聊天机器人可以采取相应的防御措施，如请求用户提供更多信息、提供安全提示或拒绝回应。

10.1.3 鲁棒性评估方法

为了衡量聊天机器人在面对对抗性样本时的鲁棒性，可以采用以下方法。

一是对抗性样本攻击测试：通过设计不同类型的对抗性样本，对聊天机器人进行攻击测试，以评估其在面对这些样本时的性能表现。可以使用混淆矩阵、准确率、召回率和 F_1 分数等指标来衡量模型在对抗性样本上的表现。

二是白盒与黑盒测试：白盒测试是指在对抗性攻击测试中，攻击者可以访问模型的内部结构和参数；黑盒测试则指攻击者只能访问模型的输入和输出。通过对比白盒与黑盒测试的结果，可以了解模型在不同攻击场景下的鲁棒性。

三是人工评估：邀请人类评估者参与对抗性样本测试，以评估聊天机器人在面对这些样本时的回应质量。评估者可以根据回应的相关性、准确性和合适性等方面给出评分。

四是鲁棒性比较：将聊天机器人与其他同类系统进行对抗性样本测试，以比较各系统的鲁棒性。这可以帮助人们了解聊天机器人在面对对抗性样本时的相对表现，并为进一步优化提供参考。

10.2 语言模型与常识推理

10.2.1 语言模型的挑战

尽管大型预训练语言模型（如 GPT 系列）在处理自然语言任务方面取得了显著进展，但它们仍然存在一些挑战。首先，这些模型可能在理解一些复杂的语境、隐含的意义和推理任务方面存在困难。其次，尽管这些模型在许多情况下能够生成流畅且看似合理的回答，但它们可能缺乏常识推理能力，这可能导致生成的回答在逻辑上不合理或与现实情况不符。为了改善这些模型的常识推理能力，研究人员正在探索各种方法。

10.2.2　常识推理方法

为了提高聊天机器人的常识推理能力，可以采用以下方法。

一是引入常识知识库：结合知识库可以帮助聊天机器人更好地理解和处理现实世界的信息。例如，可以将聊天机器人与 ConceptNet、Cyc 或 DBpedia 等知识库结合，以提供丰富的常识知识。为了提高模型的可靠性和准确性，研究人员还可以将各种领域的知识库整合在一起，从而确保聊天机器人能够在不同领域中应用常识知识。这种方法还可以通过引入特定领域的知识库（如医学、法律等），使聊天机器人具有更强的专业性和实用性。

二是常识预训练任务：在预训练阶段引入常识推理任务，可以帮助模型学习到更多与常识相关的知识。例如，可以设计一些类似于常识理解挑战（commonsense reasoning challenge，CoS-E）的任务，使模型在预训练过程中学习如何进行常识推理。这些任务可能包括故事生成、问题回答或是在给定的情境中生成合乎逻辑的解释。为了使模型在各种任务中具有更广泛的适用性，可以尝试设计多样化的常识推理任务，如情感分析、篇章理解和多轮对话等。

三是多模态学习：多模态学习是一种结合不同模态（如文本、图像和声音）的数据来提高模型性能的方法。在聊天机器人中，可以通过引入多模态数据来提高模型的常识推理能力。例如，可以训练模型从图像中提取常识知识，以辅助文本理解和推理。这样的方法可以使聊天机器人更具有感知能力，提高在实际应用场景中的有效性和用户体验。通过将视觉和听觉信息与文本信息相结合，聊天机器人可以更好地理解现实世界的复杂情况。

四是基于规则的方法：基于规则的方法是一种使用预先定义的规则来解决问题的方法。在聊天机器人中，可以通过引入基于规则的推理系统来提高常识推理能力。例如，可以使用基于规则的专家系统或逻辑编程方法来进行常识推理。这些方法可以结合领域知识和先验知识，以生成更符合现实世界的推理结果。此外，基于规则的方法可以提供更高的可解释性，有助于理解和调试模型的行为。

五是集成多种推理方法：将基于模型的推理方法与基于规则的推理方法相结合，可以提高聊天机器人的常识推理能力。例如，可以将基于深度学习的推理方法与基于符号计算的推理方法相结合，以充分利用各种方法的优势。通过集成多种方法，聊天机器人可以在处理复杂问题时，灵活地在不同的方法之间进行切换，从而在不同的任务中实现更高的性能。

10.2.3 常识推理技术的未来

常识推理技术在自然语言处理领域中具有重要作用，并且未来仍将发挥重要作用。随着计算机技术的不断发展，常识推理技术必将得到进一步的提高。例如，通过引入更多的预训练任务和强化常识知识库，可以提高模型的常识推理能力。此外，随着解决多模态学习问题的进展，可以期望聊天机器人能够更好地从多模态数据中提取常识知识。

在未来的研究中，可以探索以下方向来提高聊天机器人的常识推理能力。

一是更丰富的常识知识库：随着知识图谱技术的发展，可以建立更丰富、更全面的常识知识库。通过不断地更新和扩充知识库，可以使聊天机器人具备更强大的常识推理能力。同时，为了确保知识库中的信息准确可靠，研究人员需要开发更先进的知识抽取、整合和表示方法。

　　二是自适应学习和在线学习：通过实时地学习用户的输入和反馈，聊天机器人可以更好地适应各种不同的场景和任务。自适应学习和在线学习技术可以帮助模型在与用户互动过程中实时地更新和优化知识，从而实现更高水平的个性化和智能化。

　　三是更深层次的推理能力：除了常识推理，研究人员还可以探索如何提高模型的逻辑推理和类比推理能力。这可以通过开发新的推理算法、设计更具挑战性的推理任务或将现有的推理方法进行融合等方式来实现。

　　四是可解释性和可信赖性：为了使聊天机器人在实际应用中更受信任，研究人员需要关注模型的可解释性和可信赖性。这可能涉及开发新的模型解释方法、提高模型的透明度以及在模型设计中引入道德和法律约束等。

　　五是跨领域和跨语言的常识推理：为了使聊天机器人能够在更广泛的应用场景中发挥作用，可以研究如何将常识推理技术应用于不同领域和不同语言的情境中。这可能需要对模型进行领域适应性训练，以及研究更有效的跨语言知识迁移方法。

10.3　知识更新与持续学习

　　知识更新与持续学习是聊天机器人的重要挑战。随着时间的推移，世界的信息和环境发生变化，聊天机器人的知识也需要相应地更新和提高。持续学习是聊天机器人实现这一目标的关键因素。本节将详细介绍常见的知识更新方法，并通过具体的例子来阐述这些方法如何提升聊天机器人的性能。

10.3.1　引入常识知识库

在实际应用中，聊天机器人可以根据用户的问题，在知识库中查找相关信息，从而提供准确、详细的回答。例如，当用户询问"悉尼歌剧院是哪一年建成的？"时，聊天机器人可以查询知识库，了解悉尼歌剧院的建成年份，并提供准确的答案。

10.3.2　常识预训练任务

以 OpenAI 的 GPT-3 为例，这种大型预训练模型在预训练阶段就融合了多种常识推理任务，使得模型具有较强的常识理解能力。当用户提出问题时，GPT-3 可以根据自身学到的常识知识，为用户提供合理的回答。

10.3.3　引入在线学习

在线学习是一种不断学习和更新知识的方法，可以帮助聊天机器人随着时间的推移保持最新知识。例如，可以设计一个在线学习系统，使聊天机器人能够根据用户的回答和反馈不断更新其知识。在线学习可以帮助聊天机器人适应不断变化的环境和用户需求。同时，聊天机器人还可以根据用户的反馈，优化自己的回答，从而更好地满足用户需求。

10.3.4　引入强化学习

强化学习是一种基于奖励的学习方法，可以帮助聊天机器人学习如何适应不同的环境和任务。例如，可以设计一个强化学习系统，使聊天机器人能够通过对回答质量的评估来不断提高其知识。在实际应用中，聊天机器人可以通过与用户的交流来收集奖励信号，如用户的满意度、回答的准确性等，从而不断优化自己的回答策略。

以 Microsoft 的 DialoGPT 为例，研究人员采用强化学习方法，通过与真实用户的对话来收集奖励信号，从而使模型能够生成更符合用户期望的回答。通过这种方法，聊天机器人可以逐步提高自己的回答质量，更好地满足用户需求。

10.3.5　引入多源数据

多源数据是指从多个不同的数据源中获取知识的方法，可以帮助聊天机器人获得更多、更全面的知识。例如，可以引入新闻、社交媒体、百科等多源数据，以提高聊天机器人的知识更新能力。在实际应用中，聊天机器人可以根据用户的问题，自动从多个数据源中获取相关信息，从而为用户提供更加全面、准确的回答。

以智能手机领域为例，当用户询问聊天机器人有关最新智能手机的信息时，聊天机器人可以从各种来源获取数据。它可以从科技新闻网站获取新产品发布的报道，从社交媒体上了解消费者对新款手机的评价和反馈，从科技博客了解专业人士对新技术的分析和预测，以及从百科平台获取手机品牌和技术的详细背景信息。综合这些多源数据，聊天机器人可以为用户提供全面、准确的回答，帮助用户了解最新的智能手机趋势和功能。

10.3.6　引入自我监督学习

自我监督学习是一种利用自身数据来学习的方法，可以帮助聊天机器人更好地评估自己的回答质量。例如，可以设计一个自我监督学习系统，使聊天机器人能够通过对自己的回答进行评估来不断提高知识。这种方法可以帮助聊天机器人发现自己的不足，从而实现持续学习和改进。

10.3.7　多模态学习

多模态学习是一种结合不同模态（如文本、图像和声音）的数据来提高模型性能的方法。在聊天机器人中，可以通过引入多模态数据来提高模型的常识推理能力。例如，可以训练模型从图像中提取常识知识，以辅助文本理解和推理。在实际应用中，聊天机器人可以通过多模态学习来更好地理解用户的需求，并提供更准确、更有价值的回答。例如，当用户上传一张图片并询问图片中的景点时，聊天机器人可以识别图片中的景点，并为用户提供相关信息。

10.3.8　引入领域特定知识

领域特定知识是指专门针对某一领域的知识，可以帮助聊天机器人更好地处理特定领域的问题。例如，可以引入医学、法律等领域特定知识，以提高聊天机器人在特定领域的回答能力。在实际应用中，聊天机器人可以根据用户的问题，自动切换到相应领域的知识库，从而为用户提供专业、准确的回答。

以医疗领域为例，聊天机器人可以引入医学知识库，以便在与用户交流时提供关于疾病、症状、治疗方法等方面的专业建议。当用户询问关于某种疾病的治疗方法时，聊天机器人可以查询医学知识库，为用户提供合理的建议。

10.3.9　引入半监督学习

半监督学习是一种利用部分标记数据和部分未标记数据的学习方法，可以帮助聊天机器人更好地学习新知识。引入半监督学习算法，可以使聊天机器人能够从大量未标记数据中学习新知识。这种方法可以降低对标记数据的依赖，从而降低模型训练的成本。

以自然语言处理任务为例，半监督学习算法可以通过利用大量未标记文本数据，学习词汇、语法和语义等方面的知识。然后，这些知识可以用于提高聊天机器人在处理用户问题时的准确性和可靠性。

总之，知识更新与持续学习是聊天机器人发展的关键因素，也是未来发展的重要方向。通过不断引入新的学习方法和技术，相信聊天机器人能够更好地适应用户的需求和环境，提供更准确、更有价值的回答。

10.4　技术发展与模型优化

技术发展与模型优化是当前人机交互领域的热点话题之一。随着技术的不断发展，语言模型的性能和准确性不断提高，但同时面临着新的挑战。为了进一步提高模型的性能，需要不断优化和改进模型的结构和训练方法。

10.4.1　模型结构优化

模型的结构和参数设置对模型性能有很人的影响。为了提高模型的准确性和效率，需要继续研究和改进模型的结构。

一是不同的网络结构：研究不同类型的网络结构，如卷积神经网络（CNN）、循环神经网络（RNN）、长短时记忆网络（LSTM）和Transformer 等，以找到适用于特定任务的最优结构。

二是模型参数设置：调整模型参数，如层数、隐藏层大小、激活函数等，以优化模型性能。可以使用网格搜索、贝叶斯优化等方法进行参数调整。

三是模型正则化：引入正则化技术，如 L_1、L_2 正则化和 dropout 等，以防止模型过拟合，提高泛化能力。

四是注意力机制：引入注意力机制，如自注意力、多头注意力等，以帮助模型更好地捕捉长距离依赖关系。

10.4.2 训练数据与方法优化

训练数据和方法是影响模型性能的重要因素。为了提高模型的准确性和泛化能力，需要使用更丰富、多样化的训练数据，并使用更有效的训练方法。

一是更大的数据集：使用更大的数据集进行训练，以捕捉更多的样本和特征。大规模数据集可以提高模型的泛化能力和准确度。

二是数据预处理：对训练数据进行预处理，如去除停用词、词干提取、文本分词等，以提高模型的训练效率和准确性。

三是数据增强：通过对训练数据进行数据增强，如随机替换、插入、删除、重组等操作，以提高模型的鲁棒性和稳定性。

四是无监督和半监督学习：在训练数据有限的情况下，使用无监督和半监督学习方法，如自编码器、生成对抗网络（GAN）等，以提高模型的泛化能力。

五是模型训练方法：尝试不同的训练方法，如随机梯度下降

（SGD）、Adam、RMSprop 等，以优化模型的收敛速度和准确性。

六是负采样与正采样：在训练过程中，可以采用负采样或正采样策略来处理数据不平衡问题，以提高模型的性能。

10.4.3　先进技术与方法

引入新的训练方法和技术，如深度强化学习、生成对抗网络（GAN）等，可以帮助模型在进行技术发展和模型优化时，进一步提升性能。一些可能的方法如下。

一是模型规模扩大：通过增加模型的规模，如更多的参数和层数，可以提高模型的泛化能力和准确度。例如，GPT-3 模型比 GPT-2 模型更大，具有更强的泛化能力。

二是数据增强：通过对训练数据进行数据增强，如文本翻译、语句排列组合等处理，可以提高模型的鲁棒性和稳定性。

三是多任务学习：通过同时学习多个任务，如语言模型与其他任务（如图像分类、语音识别等）结合，可以提高模型的泛化能力和效率。

四是预训练策略优化：通过对预训练策略进行优化，如使用不同的预训练任务、调整预训练过程中的学习率等，可以提高模型的性能和精确度。

五是模型融合：通过将多个模型进行融合，如集成学习方法（bagging、boosting 等），可以提高模型的效率和准确性。

10.4.4　跨领域研究与融合

将其他领域的研究成果应用于语言模型，以提高模型的性能和推广能力。一些可能的方向如下。

一是计算机视觉与自然语言处理融合：将计算机视觉与自然语言处理相结合，可以实现更丰富的多模态学习，从而提高模型的性能。例如，通过使用图像和文本的信息，可以实现更好的场景理解和描述生成。

二是语音识别与自然语言处理融合：将语音识别与自然语言处理相结合，可以实现更自然的人机交互和文本理解。例如，通过语音输入和文本输出，可以实现更便捷的语音助手。

三是知识图谱与自然语言处理融合：将知识图谱与自然语言处理相结合，可以实现更深入的文本理解和推理。例如，通过将文本与知识图谱中的实体和关系相匹配，可以实现更准确的实体识别和关系抽取。

四是跨语言学习：通过将跨语言数据进行训练，可以实现更好的跨语言理解和翻译能力。例如，通过在多个语言之间进行转换，可以提高模型的跨语言能力。

总之，技术发展和模型优化是一个不断进步和探索的过程。通过不断尝试和改进，人们可以不断提高模型的性能和推广能力，实现更好的人机交互和语言理解。

10.5　多语言支持与文化适应性

在全球化日益加剧的当代，聊天机器人需要具备多语言支持和文化适应性，以满足不同国家和地区用户的需求。多语言支持使聊天机器人能够理解和回答不同语言的问题，而文化适应性则使聊天机器人能够更好地适应不同文化背景下的交流环境。在这方面，基于GPT-3架构的ChatGPT在多语言支持和文化适应性方面已取得了显著的进展。

10.5.1　多语言支持

多语言支持是指聊天机器人能够识别、理解并回答不同语言的问题。为了实现这一目标，ChatGPT 需要在以下几个方面进行改进和提升。

一是数据收集与预处理：要收集和整理不同语言的语料库，以便在训练阶段为模型提供足够的数据。这包括从互联网、社交媒体、书籍等来源收集不同语言的文本数据。为了确保数据质量，还需要对收集到的数据进行预处理，如去除噪声、纠正拼写错误、统一格式等。

二是语言模型训练：在拥有了足够的语料库后，要对 ChatGPT 进行训练，使其能够理解和生成不同语言的文本。这可以通过使用深度学习、自然语言处理（NLP）等技术实现。在训练过程中，需要平衡各种语言的权重，以确保模型在各种语言上的表现均衡。

三是适应不同语言的特点：不同语言具有不同的语法、词汇和表达方式。为了更好地适应这些差异，ChatGPT 要能够处理各种语言的特殊情况，如词序、拼写规则、词性变化等。

四是提高多语言切换的灵活性：在实际应用中，用户可能会在不同语言之间切换。为了满足这种需求，ChatGPT 需要具备灵活的多语言切换能力。这包括在不同语言之间进行平滑切换，以及根据上下文推断用户可能使用的语言等。

10.5.2　文化适应性

文化适应性是指聊天机器人能够理解并适应不同的文化背景，以更好地满足用户的需求。实现文化适应性需要 ChatGPT 在以下几个方面进行改进和提升。

一是跨文化交流理解：不同文化对礼仪、道德、习惯等方面的理解可能有所差异。为了使聊天机器人具有跨文化交流的能力，需要引入相关领域的知识，如社会学、心理学、文化学等，将这些知识整合到模型的设计和开发中。

二是适应不同文化的表达方式：不同文化具有不同的语言表达方式，如俚语、谚语、典故等。为了更好地适应这些差异，ChatGPT 需要能够理解和使用各种文化特有的表达方式。这可能需要在训练数据中包含更多具有代表性的文化元素，以便模型能够学习到这些特征。

三是敏感话题处理：不同文化对宗教、政治、性别等敏感话题的看法可能不同。为了避免在这些方面引发不必要的争议，ChatGPT 需要具备足够的敏感性和适应性。这可能需要开发者在模型训练和应用过程中加入相应的约束和指导，确保模型在涉及敏感话题时能够表现得更加审慎和谨慎。

四是提高对地域特色的理解：除了不同的语言和文化，地域特色也是一个重要的考虑因素。例如，不同地区可能有不同的地理、气候、风俗等特点。为了提高对这些特点的理解，ChatGPT 可以引入地理信息系统（GIS）等技术，结合地理位置信息为用户提供更加准确和具体的回答。

五是与用户建立更好的情感联系：在跨文化交流中，情感因素往往起到关键作用。为了让聊天机器人能够与用户建立更好的情感联系，可以通过情感分析技术，使 ChatGPT 更好地理解用户的情感需求，并提供相应的情感支持。例如，在聆听用户的心情倾诉时，聊天机器人可以给出关心和安慰的回应，从而与用户建立更深厚的感情。

综上所述，多语言支持和文化适应性是 ChatGPT 在未来发展中的重要方向。通过不断加强技术、整合各种学科知识，并充分考虑用户需求，相信 ChatGPT 能够更好地满足用户的多语言和文化需求。

10.6　个性化与用户体验优化

随着人工智能技术的不断发展，越来越多的人工智能系统都在向更智能、更人性化的方向发展。而对于聊天机器人而言，提升用户体验和实现个性化是其重要的发展方向之一。

个性化是指根据用户的特定需求和喜好，为用户提供个性化的服务和体验。而对于聊天机器人而言，个性化的实现可以通过改进对话内容和风格、优化用户交互界面和流程等多种方式来实现。

例如，通过对用户历史对话数据的分析，可以更好地了解用户的语言偏好、兴趣爱好等信息，从而调整聊天机器人的对话内容和风格，使其更符合用户的需求。此外，聊天机器人也可以通过智能识别用户的情绪状态和心理状态，调整对话的语言风格和情感，以提升用户的体验。

用户体验是指用户在使用产品或服务过程中的感知和感受，包括交互界面的友好程度、使用流程的简明度、信息提示的及时性等。因此，优化用户体验也是聊天机器人发展的重要方向。聊天机器人可以通过提供简洁易懂的交互界面、实时的信息提示和反馈，以及便捷的使用流程等方式来提升用户体验。

例如，聊天机器人可以提供清晰的图形化界面，让用户能够更快速地完成操作；可以提供实时的信息提示，让用户随时了解操作的状态；可以通过简化操作流程，让用户更方便地完成操作。

10.7　跨学科研究与合作拓展

跨学科研究与合作拓展是人工智能语言模型的重要发展方向。跨学科研究是指不同学科间的合作研究，如人工智能语言模型需要整合语言学、计算机科学、心理学等多种学科的知识，只有通过跨学科研究，才能更好地满足用户的需求，提供更加准确、高效、人性化的人机交互体验。

合作拓展是指与其他领域的合作，以拓展自身的业务范围和市场份额。例如，人工智能语言模型可以与医疗、教育、金融等领域合作，以提供更加专业、高效的服务。此外，还可以与其他人工智能语言模型合作，以提高自身的技术水平。

实现跨学科研究与合作拓展需要政府、企业和科研机构的共同努力。政府可以通过提供资金支持和政策扶持，促进跨学科研究与合作拓展的发展。企业可以通过投入大量资金，加强内部研发能力，提高自身的技术水平。科研机构可以通过开展创新研究，推动人工智能语言模型的发展，需要跨学科的合作；而 ChatGPT 作为一种人工智能语言模型，也需要不断开展跨学科研究和合作来提高自身的技术水平和服务能力。跨学科研究是指不同学科间的合作研究，如人工智能语言模型需要整合语言学、计算机科学、心理学等多种学科的知识。合作拓展则是指与其他领域的合作，以拓展自身的业务范围和市场份额。

以 ChatGPT 与医疗领域的合作为例，通过与医学专家的合作，ChatGPT 可以更好地理解和回答医学相关的问题，为用户提供更专业跨学科研究和合作拓展，对于推动人工智能语言模型的技术进步和提高自身的竞争力具有重要意义。

在语言学方面，ChatGPT 可以与语言学家合作，共同研究人类语言的语法、语音、语义等方面的问题。这不仅有助于提高 ChatGPT 的语言表达能力，还能帮助语言学家了解人工智能语言模型的工作原理。

在心理学方面，ChatGPT 可以与心理学家合作，共同研究人机交互的心理学问题。例如，可以研究人们在与 ChatGPT 进行交互时的心理反应，以及如何让人们感到更加舒适和满意。这将有助于提高 ChatGPT 的人性化水平。

在教育方面，ChatGPT 可以与教育机构合作，共同研究人工智能语言模型在教育领域的应用。例如，可以开发出一种适用于在线教育的ChatGPT 系统，帮助学生更好地理解课程内容。这将有助于提高教育效率，并且更方便学生学习。

总之，跨学科研究与合作拓展是人工智能语言模型的重要发展方向，对于提高人工智能语言模型的技术水平、服务能力以及竞争力具有重要意义。因此，政府、企业和科研机构都应该积极参与跨学科研究和合作拓展的实施，以促进人工智能语言模型的发展。

10.8　社会影响与公共利益平衡

随着人工智能技术的不断发展，人机交互的新时代已经到来。ChatGPT 作为一种人工智能语言模型，已经在许多领域取得了显著的成果。然而，随着人工智能技术的普及，也带来了一些潜在的社会影响。

首先，人工智能语言模型可能会影响人类语言表达的正常发展。例如，过多使用人工智能语言模型可能导致人们对自然语言的使用能力逐渐减弱。此外，人工智能语言模型还可能对人类语言的文化传承产生影响。

其次，人工智能语言模型可能会带来一些社会问题。例如，不负责任地使用人工智能语言模型可能导致虚假信息的传播，影响社会的正常运转。此外，人工智能语言模型还可能被用于非法用途，如诈骗、欺诈等。

因此，在开展人工智能语言模型的研究和应用时，必须充分考虑社会影响和公共利益的平衡。ChatGPT 的研发者应该加强对人工智能语言模型的监管，维护人工智能语言模型的合法性和道德性，以确保人工智能语言模型的社会影响是有益的。此外，ChatGPT 的研发者还应该与政府、学术界、行业界等相关部门合作，制定相关的技术标准和行业规范，以确保人工智能语言模型的社会影响是可控的。

最后，需要对人工智能语言模型进行定期评估，以确保其社会影响是有益的。例如，定期评估人工智能语言模型对人类语言的影响，以确保人类语言的正常发展，同时定期评估人工智能语言模型的社会影响，以确保其对社会的影响是有益的。